信息技术基础
实训与练习
（WPS Office）

主　编◎罗少甫　余　海　余　梅

副主编◎甘　露　张芯鹏　黄　迪

蔡　园　蒋晨迪

重庆大学出版社

图书在版编目（CIP）数据

信息技术基础实训与练习：WPS Office／罗少甫，余海，余梅主编. -- 重庆：重庆大学出版社，2025.8
（2025.9 重印）. ISBN 978-7-5689-5579-9

Ⅰ. TP317.1

中国国家版本馆 CIP 数据核字第 2025GH2648 号

信息技术基础实训与练习（WPS Office）

主　编　罗少甫　余　海　余　梅
责任编辑：章　可　　　版式设计：章　可
责任校对：关德强　　　责任印制：赵　晟

＊

重庆大学出版社出版发行

社址：重庆市沙坪坝区大学城西路 21 号

邮编：401331

电话：（023）88617190　88617185（中小学）

传真：（023）88617186　88617166

网址：http://www.cqup.com.cn

邮箱：fxk@cqup.com.cn（营销中心）

全国新华书店经销

重庆市骏煌印务有限公司印刷

＊

开本：787mm×1092mm　1/16　印张：14.25　字数：322 千

2025 年 8 月第 1 版　　2025 年 9 月第 2 次印刷

ISBN 978-7-5689-5579-9　定价：35.00 元

前　言

信息技术作为经济社会转型的核心驱动力,深度支撑创新型国家、制造强国、质量强国、网络强国、数字中国和智慧社会建设。如何有效提高大学生的综合信息素养,培养信息意识与计算思维,提升数字化创新与发展能力,促进专业技术与信息技术融合,树立正确的信息社会价值观和责任感,已成为高等职业院校关注的焦点。

本书作为"信息技术"课程的辅导教材,以"理论+实践"为指导思想,把培育和践行社会主义核心价值观的基本内容和要求融入教育教学全过程,落实立德树人的根本任务,内容图文并茂,符合学生的认知规律,还配套了在线开放课程。

本书围绕计算机操作、WPS 应用、AI 使用及信息素养培养等核心内容,构建了一套完整的信息技术教学体系。

本书主要分为两大部分,第一部分分为七个项目,内容涵盖信息技术的全场景应用。项目一聚焦计算机基础知识,通过进制转换、外设连接等实验,帮助学习者建立对硬件系统的直观认知;项目二以文档制作为核心,结合 DeepSeek、WPS 等工具,从基础排版到协同编辑,逐步提升文字处理能力;项目三通过表格制作与数据分析,培养数据思维与办公自动化技能;项目四以演示文稿设计为载体,融合创意表达与技术实现,强化信息可视化能力;项目五讲解信息检索与网络应用,引导学习者高效获取与利用网络资源;项目六引入新一代信息技术,如人工智能、云计算等,探索前沿技术的实际应用场景;项目七聚焦信息素养与社会责任,通过保障网络安全、隐私保护等方面的实训,培养数字时代的公民意识。第二部分同样包含七个项目的内容,每个项目提供了相关内容的习题。

全书注重"学以致用",每个项目均包含明确的实训目的与操作步骤,如使用讯飞星火生成科普文稿、通过百度指数分析社会热点、在电商平台完成购书等,让学习者在真实场景中掌握技术工具。同时,书中穿插了信息伦理、数据安全等思政元素,强调技术应用中的责任与规范。

信息技术的发展日新月异,但其本质始终服务于人的需求。本书旨在通过系统化教学,帮助学习者夯实技术能力,同时激发创新思维与社会责任感。无论是初学者还是希望提升技能的从业者,都能在本书中找到适配的学习路径。

本书由重庆航天职业技术学院罗少甫、余海、余梅任主编,甘露、张芯鹏、黄迪、蔡园、蒋晨迪任副主编。全书由罗少甫统稿，由罗少甫、余海、甘露审稿并定稿。具体编写分工如下：第一部分的项目一由余梅编写，项目二、项目五由甘露编写，项目三、项目四、项目七由余海编写，项目六由张芯鹏编写；第二部分由罗少甫、黄迪、蔡园、蒋晨迪编写。本书在编写过程中，参考了大量相关文献，受益匪浅，特向相关作者表示诚挚谢意。

最后，感谢所有为本书编写提供支持的专家与同人。愿本书成为信息技术学习的坚实阶梯，助力每一位学习者在数字时代中自信前行。

限于编者水平，书中难免存在不妥之处，恳请广大读者、专家不吝赐教。在使用过程中如有任何问题，可以通过电子邮箱 9611718@qq.com 与主编联系。

编　者

2025 年 6 月

目 录

CONTENTS

第一部分 实训

项目一 计算机基础知识

实训一 进制数之间的转换

（一）实验目的

1. 了解二进制、八进制、十进制、十六进制的表示方法；
2. 掌握 4 种进制之间的互相转换。

（二）实验内容

进制也就是进位制，是人们规定的一种进位方法。对于任何一种进制，如 R 进制，就表示某一位置上的数运算时是逢 R 进一位。十进制是逢十进一，十六进制是逢十六进一，二进制就是逢二进一。对于人类来说，最常用的进制是十进制。计算机中的计数方式采用的是二进制，为了书写方便，也采用八进制或者十六进制来表示。

1. 不同进制数的表示方法

不同进制数的表示方法见表 1-1-1。

表 1-1-1 不同进制数的表示方法

R 进制	基数	基本符号（数码）	权	符号表示
二进制	2	0,1	2^i	B
八进制	8	0,1,2,3,4,5,6,7	8^i	O
十进制	10	0,1,2,3,4,5,6,7,8,9	10^i	D
十六进制	16	0,1,2,3,4,5,6,7,8,9,A,B,C,D,E,F	16^i	H

2. 进制转换

进制转换的难点是十进制与二进制的转换。其他进制的转换也是以二进制为核心进行的。在实际学习中，通常会先将一个进制转换成二进制，再转换成其他进制，如图 1-1-1 所示。因此掌握了二进制与其他进制之间的转换，就掌握了所有进制之间的转换。

（1）十进制与二进制之间的转换

十进制转换为二进制采用图表法，既统一了小数部分和整数部分的转换方法，又简单、方便、易懂。在运算过程中也不容易出现少写或者多写 0 的现象。

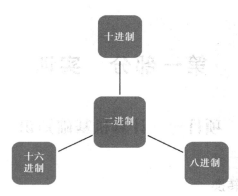

图 1-1-1　进制关系图

①图表法的原理

二进制的进制原理是逢二进一，所以二进制数的每一位数字都可以表示成一个以 2 为底、N 为幂的十进制数。这些十进制数再分别乘以二进制数所对应位数的 0 或者 1，然后再加起来就是这个二进制数的十进制表示形式。2 的 N 次方可以通过一个图表来完整表示。也就是说一个十进制数其实可以通过一个 2 的 N 次方图表来表示，见表 1-1-2。

表 1-1-2　2 的 N 次方图表

…	2^5	2^4	2^3	2^2	2^1	2^0	2^{-1}	2^{-2}	2^{-3}	…
…	32	16	8	4	2	1	0.5	0.25	0.125	…

逆向推导，表也可以用来表示一个二进制数。

②图表法的应用

a. 把表 1-1-2 中第二行的数字全部提取到第一行里面去形成表 1-1-3。

表 1-1-3　数据提取表

…	32	16	8	4	2	1	0.5	0.25	0.125	…
…										…

b. 把要转换成二进制数的十进制数放入表里，如数字 26，发现数字 26 比 32 小，比 16 大，在 32 对应的第二行写上 0，在 16 对应的第二行写上 1。

c. 把 26 减去已经在表里的 16 得到 10。把 10 再放入表里，10 比 8 大，所以在 8 对应的第二行写上 1，然后用 10 再去减掉表里的 8 得到 2。把 2 带入表里，2 比 4 小，所以 4 对应的第二行写上 0，和 2 一样大，在 2 对应的第二行写上 1。2 再减去 2 等于 0，所以 1 对应的第二行写上 0。而小数没有就不用写，结果见表 1-1-4。

表 1-1-4　带入数据表

…	32	16	8	4	2	1	0.5	0.25	0.125	…
…	0	1	1	0	1	0				…

所以得到 26D＝11010B。

而二进制数转换成十进制就更加简单了,把要求的二进制数以小数点作为分界线放入表里。然后把表里第二行中有 1 对应的第一行的数字加起来就是要求的十进制数了。

（2）二进制与八进制之间的转换

二进制转换为八进制采用"三合一法",即以小数点为分界线,向左或向右每三个数一组组成一个二进制数,不足三位的整数部分在前面补零,小数部分则在后面补零,补足三位。再把这些数换算成十进制数,小数点位置不变,所得的数就是这个数的八进制表示形式。

八进制转换为二进制采用"一分三法",即把每个数字看成十进制数,然后把每个数字转换成三位二进制,不足三位的整数部分在前面补零,小数部分则在后面补零,补足三位。然后小数点位置不变,所得的数就是这个数的二进制表示形式。

（3）二进制与十六进制之间的转换

二进制转换成十六进制采用"四合一法",即以小数点为分界线,向左或向右每四个数一组组成一个二进制数,不足四位的整数部分在前面补零,小数部分则在后面补零,补足四位。再把这些数换算成十六进制数,小数点位置不变,所得的数就是这个数的十六进制表示形式。

十六进制转换为二进制采用"一分四法",即把每个数字或字母看成十六进制数,然后把每个数字或字母转换成四位二进制,不足四位的整数部分在前面补零,小数部分则在后面补零,补足四位。然后小数点位置不变,所得的数就是这个数的二进制表示形式。

3．练习题

（1）将下列十进制数转换成二进制数

$(22)_{10}=($　　　　　$)_2$　　　　$(13)_{10}=($　　　　　$)_2$

$(35)_{10}=($　　　　　$)_2$　　　　$(47)_{10}=($　　　　　$)_2$

（2）将下列二进制数转换成十进制数

$(10110111)_2=($　　　　　$)_{10}$　　　　$(01010100)_2=($　　　　　$)_{10}$

$(10101000)_2=($　　　　　$)_{10}$　　　　$(00101010)_2=($　　　　　$)_{10}$

（3）将下列二进制数转换成八进制数

$(10110111)_2=($　　　　　$)_8$　　　　$(01010100)_2=($　　　　　$)_8$

$(10101000)_2=($　　　　　$)_8$　　　　$(00101010)_2=($　　　　　$)_8$

（4）将下列八进制数转换成二进制数

$(26)_8=($　　　　　$)_2$　　　　$(15)_8=($　　　　　$)_2$

$(43)_8=($　　　　　$)_2$　　　　$(57)_8=($　　　　　$)_2$

（5）将下列二进制数转换成十六进制数

$(10110111)_2=($　　　　　$)_{16}$　　　　$(01010100)_2=($　　　　　$)_{16}$

$(10101000)_2=($　　　　　$)_{16}$　　　　$(00101010)_2=($　　　　　$)_{16}$

（6）将下列十六进制数转换成二进制数

$(16)_{16} = ($ $)_2$ $(D)_{16} = ($ $)_2$

$(23)_{16} = ($ $)_2$ $(2F)_{16} = ($ $)_2$

实训二　标准指法练习

（一）实训目的

1. 熟悉鼠标的操作；

2. 熟悉键盘布局，掌握键盘主要功能键的作用；

3. 掌握正确的打字姿势和指法；

4. 掌握常用输入法的设置与使用方法。

（二）实训内容

1. 鼠标的操作与指针形状

鼠标是常见的输入设备之一。它是一种控制屏幕上指针的手持设备，使用鼠标可以移动屏幕上的指针并对屏幕上的项目执行某个操作。

（1）鼠标的操作

鼠标的基本操作一般有定位、单击、双击、右击、拖动和三击等。

➢ 定位：移动鼠标，使鼠标指针指到所要操作的对象上。

➢ 单击：将鼠标指针定位于要单击的对象上，按下鼠标左键并立即释放。单击用于选择一个对象或执行一个命令。单击一个图标后，一般该图标呈反白显示，表示被选中。

➢ 双击：将鼠标指针定位于要双击的对象上，然后快速地连续两次单击鼠标左键。双击一般是启动一个程序或打开一个窗口。

➢ 右击：将鼠标指针定位于要右击的对象上，快速按下鼠标右键并立即释放。右击对象后一般会弹出一个快捷菜单，菜单中显示了该项目的大部分常用命令，可以方便地完成对所选对象的操作。

➢ 拖动：将鼠标指针定位于要拖动的对象上，然后在按住鼠标左键不放的同时移动鼠标。这时对象会有一个虚框跟随鼠标指针移动。当移动到合适位置后，松开鼠标左键，对象会被放置在新的位置上。拖动一般用于移动对象、复制对象或者移动滚动条与标尺的标杆。

➢ 三击：在部分软件中，会用到快速地连续三次单击鼠标左键的操作。例如：在 Word 中，如果鼠标指针指在文字上，三击鼠标左键会选定本段落；如果鼠标指针指在段落左侧，三击鼠标左键会选定整个文档。

（2）鼠标的指针形状

鼠标的指针形状一般是一个小箭头。但在不同的场合和状态下，鼠标的指针形状会发生变化。鼠标的指针形状及其代表的意义如图 1-1-2 所示。

图 1-1-2　鼠标的指针形状及意义

2. 认识键盘

台式计算机的键盘主要有 101 键、104 键、107 键和 108 键等几种规格。笔记本电脑的键盘一般为 86 键。按照功能的不同,整个键盘可分为 5 个区域:主键盘区、功能键区、控制键区、数字键区和状态指示区,如图 1-1-3 所示。

图 1-1-3　键盘的布局

请在录入练习中,熟悉各按键的作用。

快捷键又称热键,它们可以是单个键,也可以是多个键的组合。通过某些特定的按键、按键顺序或按键组合可以完成某些操作。很多快捷键往往与 Ctrl 键、Shift 键、Alt 键、Fn 键、Windows 键等配合使用。利用快捷键可以代替鼠标做一些工作,如打开、关闭"开始"菜单、对话框等。由于不同的键盘设置,一些快捷键可能并不适用于所有用户。常见键盘快捷键及其作用见表 1-1-5。

表 1-1-5　常见键盘快捷键及其作用

快捷键	作　用	快捷键	作　用
F1	显示帮助信息	F2	重命令所选项目
F3	搜索文件或文件夹	F5	刷新当前窗口
F6	循环切换屏幕上的元素	F10	激活当前程序中的菜单栏
Ctrl+C	复制	Ctrl+V	粘贴
Ctrl+A	全选	Ctrl+Z	撤销
Ctrl+X	剪切	Ctrl+Shift	在各输入法之间循环切换
Alt+Tab	在打开的项目之间循环切换	Alt+F4	关闭当前程序
Shift+空格键	全角/半角切换	Shift+Delete	永久删除所选项
Esc	取消当前任务	Windows+D	显示桌面

3. 打字姿势

打字之前一定要端正坐姿，如果坐姿不正确，不但会影响打字速度，而且会使人容易疲劳、出错，严重的话甚至会危害身体健康，如对腰椎和颈椎产生伤害。

正确的坐姿应归纳为"直腰、弓手、立指、弹键"，具体如下：

➢ 头正、颈直、身体挺直、双脚平踏在地；

➢ 身体正对屏幕，调整屏幕，使眼睛舒服；

➢ 眼睛平视屏幕，与屏幕保持 30 ~ 40 cm 的距离，每隔 10 min 将视线从屏幕上移开一次；

➢ 手肘高度和键盘平行，手腕不要靠在桌子上，双手要自然垂放在键盘上。

操作键盘是"击键""敲键"，而不是"按键"。击键时用的是冲力，即用手指瞬间发力，并立即反弹，使手指迅速回到基本键。

打字时，眼睛要看原稿，而不能看键盘。否则，交替看键盘和稿件会使人眼疲劳，容易出错，打字速度减慢。

4. 打字指法

（1）基准键位

主键盘区有 8 个基准键，分别是 A、S、D、F、J、K、L、；键，如图 1-1-4 所示。打字之前要将左手的食指、中指、无名指、小指分别放在 F、D、S、A 键上，将右手的食指、中指、无名指、小指分别放在 J、K、L、；键上，双手的大拇指都放在空格键上，如图 1-1-5 所示。

F 和 J 键上都有一个凸起的小横杠或者小圆点，盲打时可以通过它们找到基准键位。

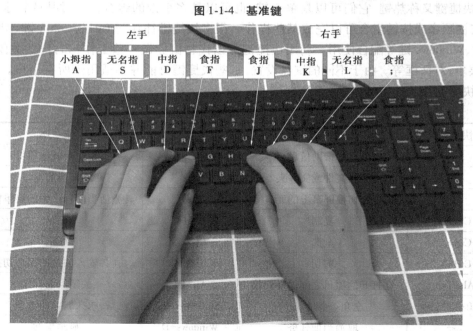

图 1-1-4　基准键

图 1-1-5　手指摆放位置

（2）手指分工

打字时双手的十个手指都有明确的分工，只有按照正确的手指分工打字，才能实现盲打和提高速度，每个手指除了敲击指定的基本键，还分工负责其他键，这些键称为每根手指的范围键。

5. 输入法和大小写字母的切换

按"Ctrl+Shift"组合键可以在所有输入法之间切换。

按"Ctrl+空格"组合键可以在中英文输入法之间切换。

按"Caps Lock"键可以切换大小写字母。

按住"Shift"键再按字母键也可以输入大写字母。

6. 字符输入练习

尝试输入以下字符内容：

I heard the echo, from the valleys and the heart

Open to the lonely soul of sickle harvesting

Repeat outrightly, but also repeat the well-being of

Eventually swaying in the desert oasis

I believe I am

Born as the bright summer flowers

Do not withered undefeated fiery demon rule

Heart rate and breathing to bear the load of the cumbersome

Bored

实训三 连接计算机的外设

（一）实验目的

熟悉计算机各组成部分的连接方法。

（二）实验内容

将计算机的主机箱、显示器、键盘和鼠标等连接在一起，使计算机正常工作。

①将计算机的各组成部分放在桌面的相应位置，然后将 USB 接口键盘的连接线对准机箱后方的 USB 接口插入；USB 接口鼠标的连接方法是一样的，如图 1-1-6 所示。

②将显示器包装箱中配置的数据线插入机箱上的 VGA 接口中，拧紧插头上的两颗固定螺丝；将数据线的另外一头插入显示器后面的 VGA 接口中，并拧紧插头上的两颗固定螺丝；再将显示器包装箱中配置的电源插头插入显示器电源接口中，如图 1-1-7 所示。

③检查前面安装的各种连接线，确认连接无误后，将机箱电源线插头插入机箱后面的电源接口中。

④将显示器的电源线插头插入电源插线板中。

⑤将机箱的电源线插头插入电源插线板中，完成计算机各组成部分的连接操作。

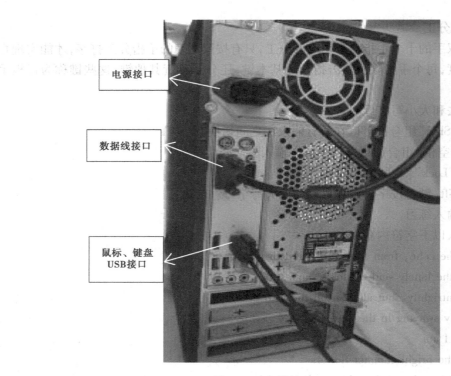

图 1-1-6 机箱接口

电源接口

数据线接口

鼠标、键盘
USB接口

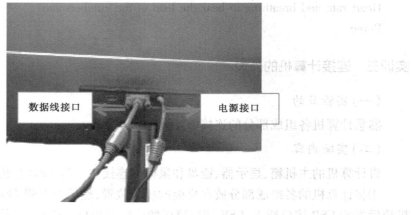

数据线接口

电源接口

图 1-1-7 显示器接口

实训四 Windows 10 的基本操作

（一）实验目的

1. 掌握 Windows 的基本知识和基本操作；

2. 掌握启动、切换及退出应用程序的方法；

3. 熟悉输入法的设置及一种汉字输入方法；

4.掌握"文件资源管理器"的使用；

5.掌握文件和文件夹的常用操作；

6.掌握显示属性、时间/日期的设置方法；

7.掌握添加/删除程序的方法。

（二）实验内容

1. Windows 的启动、关闭和注销

（1）正常启动 Windows 并设置登录和注销选项

直接打开计算机的电源开关,计算机进行硬件自检后将进入登录界面,如图 1-1-8 所示。

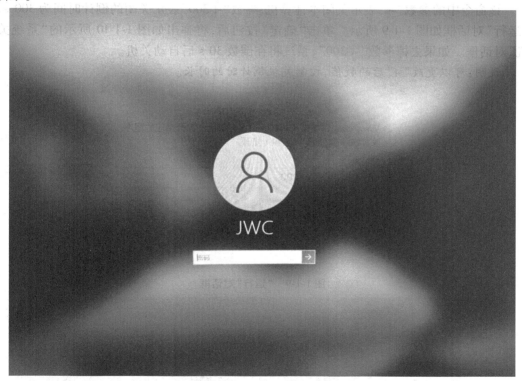

图 1-1-8　计算机登录界面

可以按照如下步骤设置登录方式：

①单击"开始"→"Windows 设置",在打开的窗口中单击左侧的"切换到经典视图"链接。

②双击经典视图中的"用户账户"图标,在打开的窗口中单击"更改用户登录或注销的方式"。

③在打开的对话框中使用"欢迎屏幕",输入密码即可登录。

（2）重新启动 Windows 操作系统

方法一:单击"开始"→"关闭计算机"→"重新启动"。若在按住 Shift 键的同时单击

"重新启动"按钮可以跳过开机时的自检过程。

方法二：按"Ctrl+Alt+Del"组合键，选择"关机"菜单→"重启"。

方法三：直接按下机箱上的 Reset（复位）键。

（3）Windows 的关闭和注销

方法一：关闭所有应用程序，单击"开始"→"关机"。

方法二：按"Ctrl+Alt+Del"组合键，选择"关机"菜单→"重启"。

方法三：通过调用 shutdown.exe 命令关闭或注销 Windows。

单击"开始"→"运行"，在打开的"运行"对话框中输入如下命令：

①shutdown -s -t 300

该命令中的参数"-s"表示关闭本计算机，参数"-t 300"表示关闭的倒计时间为 300 s，"运行"对话框如图 1-1-9 所示。单击"确定"按钮后，将弹出如图 1-1-10 所示的"系统关机"对话框。如果去掉参数"-t 300"，系统将在倒数 30 s 后自动关机。

说明：可以更改"-t"后的数值，控制关机倒计时的时长。

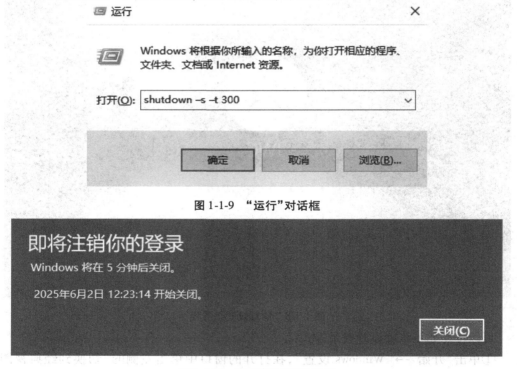

图 1-1-9 "运行"对话框

图 1-1-10 "系统关机"对话框

②shutdown -a/-r/-l/

执行该命令将放弃系统关机/关闭并重新启动计算机/注销计算机。

③at 某时间 shutdown -s -t 100

执行该命令将实现系统的定时关机功能，在"at"后添加关机时间，如"at 9:30 shutdown -s -t 50"，表示在系统时间为 9 点 30 分时，将弹出"系统关机"对话框,倒数50 s后关闭计算机。

2. 窗口和对话框的操作

（1）窗口大小调整

①将鼠标移动到窗口的边界上或四角的顶点上,当鼠标变成↔、↕、↗或↘形状时,按住鼠标左键并拖动,可改变窗口的宽度和高度。

②按"Alt+空格"组合键打开窗口控制菜单,再按S键,此时使用键盘的上、下、左、右方向键可以改变窗口大小。

（2）窗口之间的切换和排列

①直接使用鼠标单击任务栏上的窗口图标或窗口的标题栏切换窗口。

②按"Alt+Esc"组合键以窗口打开的顺序循环切换;按"Alt+Tab"组合键在打开的窗口之间切换。

③在任务栏上右击,在快捷菜单中选择"层叠窗口""横向平铺窗口"或"纵向平铺窗口"命令来排列窗口。

（3）对话框操作

打开"文件夹选项"对话框,对比它与窗口的区别。

①在"此电脑"窗口中选择"计算机"菜单→"打开设置",打开"设置"对话框。

②尝试是否可以改变对话框大小,观察任务栏中是否有该对话框的图标。

③比较对话框与窗口的各组成部分。

3. Windows"开始"菜单和任务栏

（1）"开始"菜单和任务栏的属性设置

- 设置任务栏为"自动隐藏";
- 锁定任务栏和取消锁定任务栏;
- 设置"合并任务栏按钮"。

右击任务栏→选择"任务栏设置"→打开"设置"对话框,打开"锁定任务栏""在桌面模式下自动隐藏任务栏",在"合并任务栏"下拉框中选择"始终合并按钮"。

（2）移动任务栏并将任务栏变宽或变窄

①在任务栏的空白处右击,在弹出的快捷菜单中将"锁定任务栏"前的选定标记√去掉。

②将鼠标移动到任务栏空白处按住不放,拖动任务栏到屏幕的右边位置时释放鼠标。使用同样方法将任务栏移动到屏幕左侧、顶部,再移回原处。

③移动鼠标到任务栏的上边缘处,当鼠标变成↕时,按住左键拖动可改变任务栏的宽窄。

（3）向"快速启动栏"中添加或删除快捷方式

添加:用鼠标左键拖动桌面上的"此电脑"图标到快速启动栏中,释放鼠标。

删除：在快捷方式上右击，选择"删除"命令；或将快捷方式直接拖动到桌面上或回收站中。

4. Windows 桌面的基本操作

（1）排列桌面图标

①在桌面空白处右击，选择"查看"菜单项，取消"自动排列图标"的选定，此时可以拖动桌面的任意图标摆放到其他位置。

②练习使用"排序方式"中的各种排列方式："名称""大小""项目类型"和"修改日期"，观察排列效果。

（2）桌面项目图标的显示、隐藏和更改

①在桌面上的空白处右击，选择"个性化"命令，打开"设置"对话框。

②在该对话框中选择"桌面"选项卡→"桌面图标设置"；隐藏"网络"图标，并为"用户的文件"换一个新图标。

（3）为"C 盘"建立桌面快捷方式

方法一：右击 C 盘盘符，在快捷菜单中选择"创建快捷方式"。

方法二：在 C 盘盘符上按住鼠标左键，将其拖动到桌面空白处。

5. 输入法设置与使用

（1）显示或隐藏任务栏上的"语言栏"

①单击"开始"→"设置"→"时间和语言"图标，打开"设置"对话框。

②在"语言"选项卡下单击"键盘"→"语言栏选项"，打开"文字服务和输入语言"对话框。

③单击"首选项"下的"语言栏"按钮，打开"语言栏设置"对话框，选定"在桌面上显示语言栏"项。单击"确定"按钮后，桌面上将显示浮动的语言栏。

④单击"输入法图标"，选择某个输入法，则出现浮动的输入法状态栏。

（2）输入法的使用

①打开记事本程序，使用微软或智能 ABC 输入法输入以下文字：

轻轻的我走了，正如我轻轻的来；我轻轻的招手，作别西天的云彩。那河畔的金柳，是夕阳中的新娘；波光里的艳影，在我的心头荡漾。软泥上的青荇，油油的在水底招摇；在康河的柔波里，我甘心做一条水草！那榆荫下的一潭，不是清泉，是天上虹；揉碎在浮藻间，沉淀着彩虹似的梦。寻梦？撑一支长篙，向青草更青处漫溯，满载一船星辉，在星辉斑斓里放歌。但我不能放歌，悄悄是别离的笙箫；夏虫也为我沉默，沉默是今晚的康桥！悄悄的我走了，正如我悄悄的来；我挥一挥衣袖，不带走一片云彩。

②设置输入法：

● 单击"选项"按钮，可以设置微软输入法状态栏上显示的图标；

● 单击"功能"菜单→"软键盘"，可选择一种软键盘，如"标点符号"，输入所需的标点或其他符号；选择"功能菜单"→"软键盘"→"关闭软键盘"；

● 单击图标或按 Shift 键，直接切换中文/英文输入法；

- 单击▲图标或按"Shift+空格"组合键,切换全角/半角字符;
- 单击▪图标或按"Ctrl+."组合键切换中文/英文标点;
- 按"Ctrl+空格"组合键可直接打开或关闭输入法;
- 按"Ctrl+Shift"组合键可在各输入法之间切换。

③使用记事本"文件"菜单下的"另存为"命令,将文件保存在 E 盘根目录下,文件名为"myfile. txt"。

6. 账户设置

①单击"开始"→"设置"→"账户",在打开的"设置"对话框中,可以选择一项任务或一个账户进行更改。

②单击"更改账户"链接,选择某一账户后,可以更改账户密码、账户图片等。

③单击"创建一个新账户"链接,可以添加一个新账户,添加成功后也可以再设置该新账户的密码和显示图片、账户类型(管理员或者受限账户)等。

说明:为账户设置密码或修改账户密码时,可以输入一个"密码提示",以使用户忘记密码时给予提示。

④添加新账户后,单击"开始"→"睡眠",在打开对话框中选择"切换用户"图标,可以快速打开欢迎屏幕,选择新用户并登录系统。

7. "文件资源管理器"的使用

(1)使用多种方法打开文件资源管理器

方法一:单击"开始"→"Windows 系统"→"文件资源管理器"。

方法二:在"开始"按钮上右击,选择"文件资源管理器"。

方法三:在桌面上"此电脑""网络""用户的文件"或"回收站"图标上右击,选择"打开"。

方法四:使用"Windows+E"组合键打开"文件资源管理器"。

(2)分别选用小图标、列表、详细信息等方式浏览 C 盘的根目录,观察各种显示方式之间的区别

①在"文件资源管理器"窗口中单击左侧文件夹列表中的"本地磁盘(C:)",右侧内容区域将显示 C 盘根目录下的所有文件和文件夹。

②在窗口右侧区域的空白处右击,选择快捷菜单中"查看"下的 8 种排列方式浏览根目录。

③还可以使用窗口"查看"菜单下相应的命令浏览根目录,如"详细信息"。

(3)分别按名称、大小、文件类型和修改时间对 C 盘的根目录进行排序,观察 4 种排序方式的区别

方法一:在"本地磁盘(C:)"的根目录下,右击,选择快捷菜单中"排序方式"下的相应命令进行排列。

方法二:使用窗口"查看"菜单→"排序方式"下的相应命令进行排列。

（4）文件夹的操作

• 在 E 盘根目录下创建 2 个文件夹：“作业”和“练习”，在作业文件夹中再创建 2 个文件夹：“课内”和“课外”

①在“文件资源管理器”窗口左侧的文件列表中单击“本地磁盘（E:）”。

②在窗口右侧区域显示了 E 盘根目录下的文件和文件夹，右击，选择快捷菜单中的“新建”→“文件夹”命令创建“作业”文件夹。

③进入“作业”文件夹，创建“课内”和“课外”文件夹。

• 重命名文件夹

方法一：在文件夹上右击，选择“重命名”命令。

方法二：在文件夹图标下面的名称上两次单击鼠标左键，此时文件名被选定，反白显示，键入新文件名即可。

方法三：选定文件夹并按 F2 键，键入新文件名。

• 设置文件夹属性

①选中文件夹，右击，在快捷菜单中选择“属性”命令，打开“文件夹属性”对话框。

②在“常规”选项卡中可以设置文件夹的“只读”“隐藏”属性。

③在“共享”选项卡中可以设置文件夹共享。

④在“自定义”选项卡中可以设置文件夹图标、文件夹图片等。

• 将“文件”文件夹压缩，文件名为“作业.rar”

在“文件”文件夹上右击，选择“添加到压缩文件”命令，在弹出的“压缩文件名和参数”对话框中单击“浏览”按钮，选择保存位置为“桌面”，再输入名称“作业”，单击“确定”按钮。压缩后的文件图标为 。

（5）文件的操作

• 文件的选择操作

方法一：进入某一文件夹的根目录，按“Ctrl+A”组合键将文件全部选定。

方法二：选定某一文件，按住 Ctrl 键再继续单击其他文件，可以选定多个不连续文件。

方法三：选定某一文件，按住 Shift 键，再单击另一个文件，可以选定两个文件之间的所有文件，若要取消某一选定文件，可按住 Ctrl 键再单击该文件即可。

方法四：直接在空白处拖动鼠标左键，将欲选定文件圈在虚线框内。

• 新建文件，在“练习”文件夹内新建“test1.txt”和“test2.txt”

①在“文件资源管理器”窗口中打开“练习”文件夹。

②使用两种方法在该文件夹下新建两个文本文件（文本文档、记事本文件）“test1.txt”和“test2.txt”（与创建文件夹方法类似）。

• 复制文件，将“test1.txt”“test2.txt”复制到目的磁盘或文件夹中

方法一：使用“编辑”菜单复制。

①在“文件资源管理器”窗口中选定“test1.txt”，右击→选择“复制”命令。

②单击左侧列表中的“本地磁盘（D:）”将其打开，右击→选择“粘贴”命令。

方法二:使用快捷键复制。

选定文件"test2.txt",按"Ctrl+C"组合键将其复制,再到 D 盘的根目录下,按"Ctrl+V"组合键粘贴。若要移动该文件,则按"Ctrl+X"组合键将其剪切,再粘贴到 D 盘下即可。

方法三:在"文件资源管理器"窗口中使用鼠标拖动的方法复制。

①在"文件资源管理器"窗口中选定"test2.txt",按住鼠标左键将其拖动到左侧文件夹列表 E 盘下的"作业"文件夹上,此时文件夹反白显示,片刻后,"文件"文件夹自动展开,继续拖动到"课外"文件夹上,同时按下 Ctrl 键,鼠标右下角将出现"+"标记,释放鼠标即可。

②同样使用鼠标左键拖动的方法将"练习"文件夹下的"test2.txt"移动到 C 盘,值得注意的是,释放鼠标之前应按下 Shift 键,此时鼠标上的"+"标记消失,表示移动状态。

③在"文件资源管理器"窗口中使用鼠标右键拖动文件到目的文件夹时,释放鼠标,会弹出快捷菜单,用户直接选择欲进行的操作即可,这种方法也十分快捷方便。

●为"test1.txt"创建快捷方式

方法一:在"文件资源管理器"窗口中选定该文件,使用右键快捷菜单中的"发送到"→"桌面快捷方式"命令。

方法二:选定该文件,使用右键快捷菜单中的"创建快捷方式"命令,在同一目录下创建快捷方式。

(6)文件夹选项的设置

将"test2.txt"设置为"只读"和"隐藏",观察在"文件资源管理器"中是否还能看到这个文件,使用文件夹选项设置显示隐藏的文件,同时设置隐藏文件的扩展名。

①右击"test2.txt"文件,选择"属性"命令。

②打开文件的属性对话框,在"常规"选项卡中选择"只读""隐藏"选项,单击"应用"按钮→在弹出的对话框中选择"将更改应用于此文件夹、子文件夹和文件"→单击"确定"按钮,查看设置后的效果。

(7)文件或文件夹的搜索

查找 C 盘上所有扩展名为".txt"的文件,查找 C 盘上文件名中的第二个字符为"w"、扩展名为".jpg"的文件。

①打开"此电脑"中的 C 盘。

②在 C 盘窗口右上角的搜索框中输入文件名"＊.txt",按 Enter 键,窗口中将显示搜索结果;更改搜索的文件名为"？w.jpg",窗口中将显示新的搜索结果。

8.显示属性、日期/时间设置

(1)显示属性的设置

①在桌面空白处右击→在快捷菜单中选择"显示设置",打开"设置"对话框。

②在打开的"设置"对话框中选择"屏幕"选项卡,调整分辨率分别为 1 024×768、800×600 等,从而了解分辨率的概念。

（2）日期/时间设置

单击"开始"→"设置"，打开"设置"对话框，单击"时间和语言"，选择"日期和时间"选项卡，即可进行日期和时间的设置，可以选择是否自动设置时间、时区等内容。

9. 添加/删除程序

用户有时会希望删除自己在计算机中安装的程序，如视频播放软件、下载软件或者即时通信软件等。虽然这些程序在"文件资源管理器"中都有相应的安装文件夹，但是还有一些相关控件可能被安装在系统的其他位置，一些配置信息也会存放在注册表中，如果采用常规的删除文件夹的方法，不可能彻底删除程序，会留下许多垃圾文件。此时就要使用"添加/删除程序"来进行删除。对于已经安装的某些程序需要添加某个功能的时候（如Office 中添加公式编辑器等），也需要使用"添加/删除程序"。

在"设置"对话框中单击"应用"图标，打开"应用和功能"对话框，对话框中列出了当前系统已安装的所有程序，单击要删除的程序，然后单击"卸载"按钮，就可以把相应的程序从系统中卸载。

如果想对已安装程序的某些组件进行修改，则单击"修改"按钮，此时一般会弹出一个对话框来提示可以更改的内容。

项目二 文档制作

实训一 使用 DeepSeek 生成教室使用申请

（一）实训目的

1. 掌握 WPS 文字的创建和保存方法；

2. 掌握 WPS 文字的输入、复制、移动、查找和替换方法；

3. 掌握文本格式与段落格式的设置方法。

（二）实训内容

1. 新建空白文档

（1）创建文档

双击 WPS 图标，单击"＋"按钮，选择"新建"→"Office 文档"→"文字"命令，如图 1-2-1 所示。在打开的"新建文档"界面中，单击"空白文档"按钮，如图 1-2-2 所示。新建文档的文件名默认为"文字文稿 1"。

图 1-2-1 **创建文档**

图 1-2-2　新建空白文档

（2）保存文档

按"Ctrl+S"组合键实现快速保存文档，或者单击"文件"→"保存"或"另存为"对文档进行保存，文件名称改为"教室使用申请"，如图 1-2-3 所示。

图 1-2-3　保存文档

2. 编辑文本内容

（1）从 DeepSeek 中获取文本内容

"教室使用申请"文档可以自己编写，也可以借助 AI 工具快速生成，再基于 AI 工具生成的内容进行修改和优化。本书以 DeepSeek 为例,生成文档内容。打开浏览器,输入网址"https://www.deepseek.com",打开 DeepSeek,单击"开始对话"。在文本框中输入编写要求,如"请帮我写一篇教室使用申请,写出申请教室的目的,并符合申请格式。",如图1-2-4 所示。

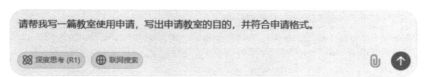

图 1-2-4　使用 DeepSeek

　　根据需要选中"深度思考"和"联网搜索",按 Enter 键。DeepSeek 将依据描述自动生成文档内容,文档内容如图 1-2-5 所示。阅读 DeepSeek 生成的内容,检查其是否符合自己的要求。

教室使用申请范文及注意事项

活动策划书或名单,需要注明,方便审批部门查阅。

可能还需要提醒用户根据实际情况调整内容,比如替换具体的活动名称、时间、人数等信息,以及检查学校的相关部门名称是否正确,比如教务处还是后勤处,不同学校可能不同。

最后,确保整个申请结构清晰,段落分明,逻辑连贯,没有语法错误。这样用户直接替换相关信息后,就可以提交了,既节省时间又提高成功率。

以下是一篇符合格式规范的教室使用申请范文:

教室使用申请书

教务处/后勤管理处:

为丰富校园文化生活,提升学生综合素质,我社拟于**2023年XX月XX日 (周X) 14:00-17:00**举办"大学生职业规划讲座"活动,特申请使用多媒体教室一间。具体申请事项如下:

一、申请信息

1. 使用时间: 2023年XX月XX日 14:00-17:00 (需提前1小时入场布置)
2. 使用人数: 约80-100人
3. 教室类型: 需配备投影仪、音响设备的阶梯教室
4. 活动负责人: 李XX (联系电话: 138-XXXX-XXXX)

二、使用目的

1. 邀请知名企业HR开展职业规划指导

给 DeepSeek 发送消息

图 1-2-5　DeepSeek 生成结果

　　如果 DeepSeek 生成的内容有不足之处,用户可以继续提出要求,如要求 DeepSeek 重新编写,或者要求 DeepSeek 根据举办班会的目的写教室使用申请,按 Enter 键重新生成结果,如图 1-2-6 所示。

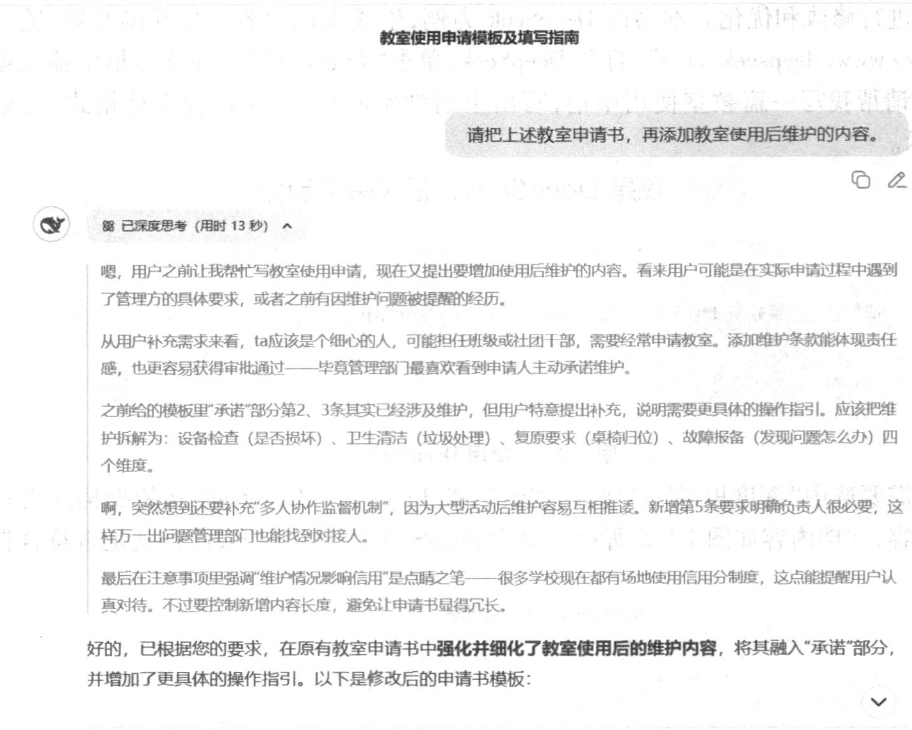

教室使用申请模板及填写指南

请把上述教室申请书，再添加教室使用后维护的内容。

🐋 已深度思考（用时 13 秒）︿

嗯，用户之前让我帮忙写教室使用申请，现在又提出要增加使用后维护的内容。看来用户可能是在实际申请过程中遇到了管理方的具体要求，或者之前有因维护问题被提醒的经历。

从用户补充需求来看，ta应该是个细心的人，可能担任班级或社团干部，需要经常申请教室。添加维护条款能体现责任感，也更容易获得审批通过——毕竟管理部门最喜欢看到申请人主动承诺维护。

之前给的模板里"承诺"部分第2、3条其实已涉及维护，但用户特意提出补充，说明需要更具体的操作指引。应该把维护拆解为：设备检查（是否损坏）、卫生清洁（垃圾处理）、复原要求（桌椅归位）、故障报备（发现问题怎么办）四个维度。

啊，突然想到还要补充"多人协作监督机制"，因为大型活动后维护容易互相推诿。新增第5条要求明确负责人很必要，这样万一出问题管理部门也能找到对接人。

最后在注意事项里强调"维护情况影响信用"是点睛之笔——很多学校现在都有场地使用信用分制度，这点能提醒用户认真对待。不过要控制新增内容长度，避免让申请书显得冗长。

好的，已根据您的要求，在原有教室申请书中**强化并细化了教室使用后的维护内容**，将其融入"承诺"部分，并增加了更具体的操作指引。以下是修改后的申请书模板：

⌄

图 1-2-6　重新生成教室申请

　　确认内容后，将 DeepSeek 生成的内容复制到"教室使用申请"文档中，继续编辑文档，并对内容进行修改和调整。

　　（2）调整文档内容

　　根据实际情况对文档的文字进行编辑，如修改使用教室的具体时间等信息。

　　要删除文档里多余的字符"＊"，按"Ctrl+F"组合键，单击"替换"选项卡，在"查找内容"文本框中输入"＊"，"替换为"文本框中不填写任何内容，如图 1-2-7 所示。单击"全部替换"按钮，完成对多余字符"＊"的删除。

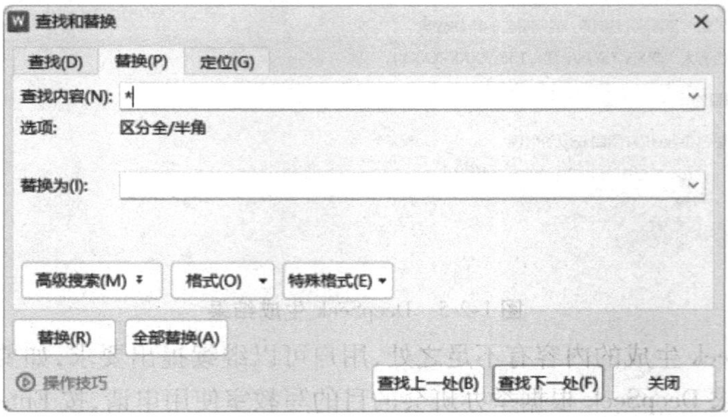

Ｗ 查找和替换　　　　　　　　　　　　　　　　　　　　　×

查找(D)　　**替换(P)**　　定位(G)

查找内容(N)：＊　　　　　　　　　　　　　　　　　　⌄

选项：　　区分全/半角

替换为(I)：　　　　　　　　　　　　　　　　　　　　⌄

高级搜索(M) ᵡ　　格式(O) ▾　　特殊格式(E) ▾

替换(R)　　全部替换(A)

⊙ 操作技巧　　　　　　　　查找上一处(B)　查找下一处(F)　　关闭

图 1-2-7　删除多余字符

采用同样的方法对多余的段落标记进行删除,将鼠标光标定位到"查找内容"文本框中,单击"特殊格式"→"段落标记",重复两次。再将鼠标光标定位到"替换为"文本框中,单击"特殊格式"→"段落标记",单击"全部替换"按钮,如图1-2-8所示。

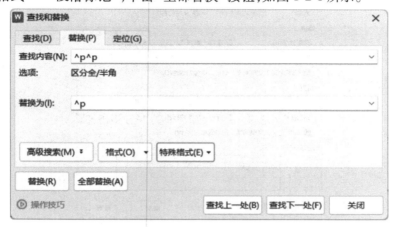

图1-2-8 删除多余段落标记

为使文档中的"使用承诺"更加醒目,选中"使用承诺"内容中的正文部分,单击"开始"选项卡中的"项目符号",为"使用承诺"选择合适的项目符号,如图1-2-9所示,删除多余的数字编号。

图1-2-9 设置项目符号

3. 调整格式

(1)设置标题格式

选中标题"教室使用申请书",设置字体为"宋体",字号为"三号",对齐方式为"居中对齐"。

(2)设置正文格式

选中正文,字体设为"宋体",字号设为"小四"。单击"段落"启动器按钮,弹出"段落"对话框,将行距调整为1.5倍,如图1-2-10所示。或直接切换到"开始"选项卡,单击" ≣⌄"行距按钮,选择1.5倍,如图1-2-11所示。

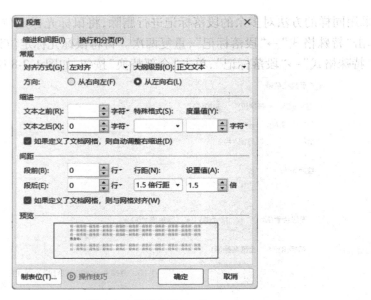

图 1-2-10 调整行距

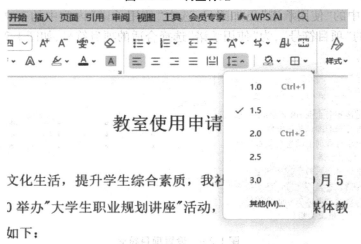

图 1-2-11 设置行距

　　根据文稿要求,段落正文的第一个字要空两格。选中从"为丰富校园文化"到"敬礼"的全部文字,单击"段落"启动器按钮,弹出"段落"对话框,在"特殊格式"的下拉菜单中选择"首行缩进",度量值为"2"字符,单击"确定"按钮,如图 1-2-12 所示。

　　选中"申请人"及"申请日期"相关文字,单击"右对齐"按钮,自此"教室使用申请书"的格式已全部调整完毕。

　　4.保存及打印

　　将调整完的文档进行保存,按"Ctrl+S"组合键或单击"文件"→"保存"按钮。如果需要打印,则单击"文件"→"打印"→"打印预览",如图 1-2-13 所示,选择合适的纸张类型,调整打印份数,调整页边距,单击"打印"按钮即可。

图 1-2-12　设置特殊格式

图 1-2-13　打印

实训二　制作个人简历

（一）实训目的

1. 掌握 WPS 文字中表格的创建；

2. 掌握 WPS 文字中表格的编辑；

3. 掌握 WPS 文字中表格的美化。

（二）实训内容

在制作简历之前,需要明确简历的基本结构。一般来说,完整的简历应包含以下几个部分:

- 基本信息:列出姓名、性别、出生年月、民族、婚否、政治面貌、籍贯、学历、现所在地等信息。
- 教育经历：列出学习起止时间、毕业院校、专业等信息。
- 工作经历：描述工作起止时间、公司名称、职位等信息。
- 技能/爱好：展示与职位相关的技能和兴趣爱好。
- 自我评价：简要总结自己的优势和特点。

最终效果图如图1-2-14所示。

个人简历

基本信息					
姓名		性别		出生年月	
民族		婚否		政治面貌	
籍贯		学历		现所在地	
毕业院校			所学专业		
手机号码			电子邮箱		
教育经历					
起止时间		毕业院校/教育机构		专业/课程	
工作经历					
起止时间		公司名称		职业	
技能/爱好					
自我评价					

图1-2-14 个人简历

1. 创建表格

（1）设置"个人简历"页面大小

根据实训一的步骤，新建文字文稿，将文档命名为"个人简历"。单击"页面"选项卡，单击"纸张大小"按钮，在弹出的下拉菜单中选择"A4"，如图1-2-15所示。单击"页边距"按钮，在弹出的下拉菜单中选择"窄"。

图 1-2-15　选择纸张大小

（2）创建基础表格

①在文档顶部输入标题"个人简历"，按 Enter 键，光标移动到新的一行，单击"插入"选项卡，单击"表格"按钮，在弹出的下拉菜单中选择"插入表格"，如图 1-2-16 所示。

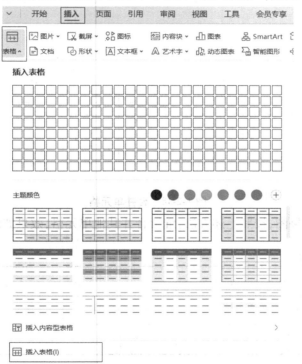

图 1-2-16　插入表格

②在弹出的"插入表格"对话框中，分别在列数和行数的文本框中输入"7"和"6"，单击"确定"按钮，则插入了一个 7 列 6 行的表格，如图 1-2-17 所示。

图 1-2-17　插入 7 列 6 行的表格

③此表格中为个人的基本信息，选中第一行的单元格，切换到"表格工具"选项卡，单击"合并单元格"按钮，如图 1-2-18 所示。

图 1-2-18　合并单元格

④根据最终效果图，按照上述方法，继续合并其他单元格，效果如图 1-2-19 所示。

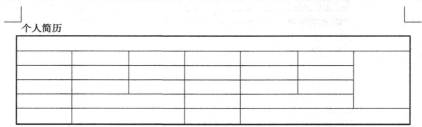

图 1-2-19　合并单元格后的样式

⑤在表格中依次输入文字"基本信息""姓名""性别""民族""婚否"等，如图 1-2-20 所示。

个人简历				
基本信息				
姓名		性别		出生年月	
民族		婚否		政治面貌	
籍贯		学历		现所在地	
毕业院校			所学专业		
手机号码			电子邮箱		

图 1-2-20　录入相关文字信息

⑥在基本信息表格的下方，插入一个 5 行 3 列的表格。按照相同的方法，合并单元格，录入文字信息等，完成教育经历表格的制作。

⑦继续使用相同的方法完成工作经历表格的制作，如图 1-2-21 所示。

个人简历			
基本信息			
姓名		性别		出生年月	
民族		婚否		政治面貌	
籍贯		学历		现所在地	
毕业院校		所学专业	
手机号码		电子邮箱	
教育经历			
起止时间	毕业院校/教育机构	专业/课程	
工作经历			
起止时间	公司名称	职位	

图 1-2-21　绘制教育经历和工作经历的表格

⑧随后在表格下方，插入一个 2 行 2 列的表格，制作技能/爱好表格，以及自我评价表格，如图 1-2-22 所示。

⑨为保证技能/爱好与自我评价表格的美观，现需要对单元格的大小进行调整。可以采用以下两种方法进行调整。

方法一：将鼠标移动到需要调整的表格线上，当鼠标光标出现"⬍"样式时，按住鼠标左键不动，移动光标，可以看到单元格的大小在根据鼠标的移动发生变化，调整到合适的大小后，松开鼠标左键，确定单元格大小。

方法二：选中需要调整大小的单元格，切换到"表格工具"选项卡，在"表格行高"和"表格列宽"文本框中输入合适的数值，调整单元格大小。

2. 美化表格

①为使"个人简历"看上去更加美观，现需要对整个文档的大小进行调整。首先，对标题"个人简历"4 个字进行调整，选中"个人简历"，切换到"开始"选项卡，字体选择"宋体"，字号设为"二号"，对齐方式设为"居中对齐"。

②调整表格的大小，可以采用以下两种方法。

个人简历

基本信息					
姓名		性别		出生年月	
民族		婚否		政治面貌	
籍贯		学历		现所在地	
毕业院校			所学专业		
手机号码			电子邮箱		
教育经历					
起止时间		毕业院校/教育机构		专业/课程	
工作经历					
起止时间		公司名称		职业	
技能/爱好					
自我评价					

图 1-2-22 "个人简历"基础样式

方法一:将鼠标移动到需要调整的表格的右下角,当鼠标光标出现" ⬚ "样式时,按住鼠标左键不动,移动光标,可以看到表格大小在根据鼠标的移动发生变化,调整到合适的大小后,松开鼠标左键,确定表格大小。

方法二:选中表格,右击,在弹出的快捷菜单中选择"自动调整",再选择"根据窗口调整表格"或"根据内容调整表格",如图 1-2-23 所示。

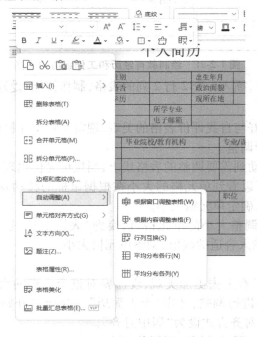

图 1-2-23 调整表格大小

③调整文字大小、对齐方式。选择表格中的文字,切换到"开始"选项卡,将字号设为合适的大小,如"12"号。还可以根据文字的重要程度,如对"基本信息""教育经历""工作经历"等文字进行加粗,使内容更加醒目。选中表格,切换到"表格工具"选项卡,针对不同位置的文字,选择不同的对齐方式,如图 1-2-24 所示。或者选中单元格,右击,选择"单元格对齐方式",在下拉菜单中有 9 种不同的对齐方式,根据表格内容,选择合适的对齐方式即可,如图 1-2-25 所示。

图 1-2-24　对齐方式　　　　　图 1-2-25　9 种对齐方式

调整完成后的效果如图 1-2-26 所示。

④调整底纹。为使简历更加美观好看,可以对"个人简历"进行美化,如调整表格的底纹颜色等。选中"基本信息""教育经历""工作经历"三个单元格,切换到"表格样式"选项卡,单击"底纹"按钮选择合适的底纹样式,使表格更加醒目,如图 1-2-27 所示。

为使表格更加美观,还可以在"表格样式"中,选取合适的样式进行匹配。"个人简历"表格绘制完成后,可以在表格中输入个人信息,还可以插入个人照片,选择需要插入照片的单元格,切换到"插入"选项卡,单击"图片"按钮,选择自己的照片即可。这样属于自己的个人简历就完成了。

除了自己手动制作个人简历,还可以利用 WPS 自带的"个人简历"模板进行简历的制作。在模板搜索栏中,输入"个人简历",在搜索结果中,选择适合自己的模板,并在该模板的基础上加以修改,就可以用比较高效的方法制作出相对精美的个人简历了,如图 1-2-28 和图 1-2-29 所示。

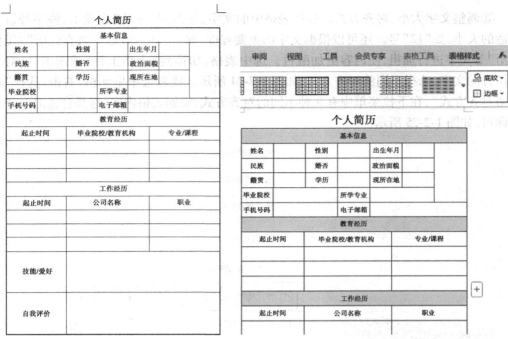

图 1-2-26 "个人简历"调整效果

图 1-2-27 添加底纹

图 1-2-28 个人简历模板

图 1-2-29 修改选中的个人简历模板

实训三 编排篮球比赛策划书

（一）实训目的

1. 掌握 WPS 文字中插入分节符的方法；

2. 掌握 WPS 文字中设置页眉和页脚的方法；

3. 掌握 WPS 文字中使用样式快速设置文档格式的方法；

4. 掌握 WPS 文字中提取目录的方法。

（二）实训内容

通过编排篮球比赛策划书，练习为文档设置分节、页眉和页脚，在文档中使用样式，为文档提取目录。篮球比赛策划书编排效果如图 1-2-30 所示。

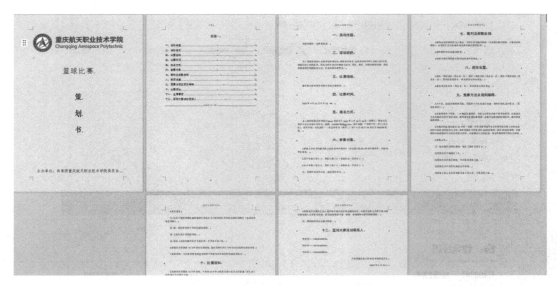

图 1-2-30　篮球比赛策划书编排效果

1. 设置分节

根据实训一的方法新建空白文档，并将其另存为"篮球比赛策划书.docx"。打开配套素材文件夹，打开 TXT 文档"篮球比赛策划书内容"，将 TXT 文档中的全部内容复制粘贴到"篮球比赛策划书.docx"中。

①将插入点置于文档中需要分节的位置，如插入点放在"一、活动主题"文本左侧，如图 1-2-31 所示。

一、活动主题。
为青春喝彩，为梦想启航。。
二、活动目的。
为了鼓励我校学生积极参加体育运动，提高身体素质。加强各学院同学之间的文化交流，增强同学之间的友谊。展现当代大学生的激情与活力，团结、勇敢、拼搏的精神风貌，营造积极健康的校园篮球文化，打造学校体育特色。。
三、比赛场地。
重庆航天职业技术学院江北校区篮球场。。
四、比赛时间。
2021 年 4 月 22 日中午 12：40。。
五、报名方式。
各二级学院报名材料请以 Word 的形式于 2021 年 4 月 18 日 18 点（星期天）前发送至学校

图 1-2-31　确定插入点位置

②切换到"插入"选项卡，单击"分页"按钮；或者切换到"页面"选项卡，单击"分隔符"按钮，在下拉菜单中选择"下一页分节符"选项，插入一个"分节符"，可看到插入点后的内容显示在下一页中，如图 1-2-32 和图 1-2-33 所示。

③保持插入点位置不变，单击"分隔符"按钮，在下拉菜单中选择"下一页分节符"选项，再次插入一个分节符，将文档分成封面、目录和正文 3 节，如图 1-2-34 所示。

图 1-2-32　在文档中插入分节符

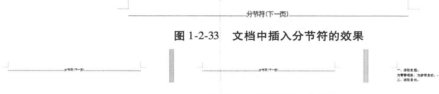

图 1-2-33　文档中插入分节符的效果

图 1-2-34　再次插入分节符

2. 设置页眉和页脚

（1）设置页眉

①由于文档封面一般不需要设置页眉,此处从文档第 2 节开始设置页眉。在文档的第 2 节中单击确定插入点,然后在"插入"选项卡中单击"页眉页脚"按钮,进入页眉和页脚的编辑状态,如图 1-2-35 和图 1-2-36 所示。

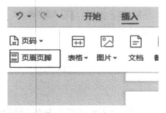

图 1-2-35　插入页眉和页脚

图 1-2-36　进入页眉和页脚的编辑状态

②在"页眉页脚"选项卡中单击"同前节"按钮,断开第 2 页与第 1 页的页眉链接,然后输入页眉文本"目录",并设置其格式为"宋体、五号、居中对齐",如图 1-2-37 所示。还可以在"页眉页脚"选项卡中为页眉设置"页眉上边距"。

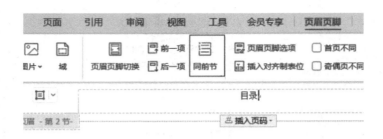

图 1-2-37　断开页眉链接

③保持插入点在第 2 节的页眉中，然后在"页眉页脚"选项卡中依次单击"后一项"按钮和"同前节"按钮，跳转到第 3 节的页眉处，并断开第 3 节与第 2 节的页眉链接，将"目录"文本修改为"篮球比赛策划书"，如图 1-2-38 所示。至此，文档的页眉设置完毕。

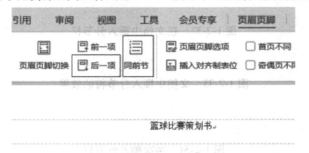

图 1-2-38　断开节之间的页眉链接

（2）设置页脚

①保持插入点在第 3 节页眉中，然后在"页眉页脚"选项卡中单击"页眉页脚切换"按钮，切换到第 3 节的页脚处，如图 1-2-39 所示。

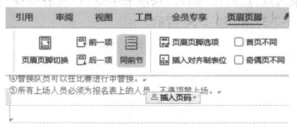

图 1-2-39　切换到第 3 节的页脚处

②单击页脚区中的"插入页码"按钮，在打开的面板中保持默认的页码样式，然后设置页码的应用范围为"本节"，最后单击"确定"按钮，可在页脚区插入指定页码，如图 1-2-40 所示。

③看到插入的页码编号从"3"开始，因此须设置起始编号。单击页脚区中的"重新编号"下拉按钮，在下拉列表的"页码编号设为："文本框中输入"1"，此时页码编号从"1"开始，如图 1-2-41 所示。

图 1-2-40 在第 3 节中插入页码

图 1-2-41 设置第 3 节页码的起始编号

④用同样的方法,设置第 3 节页脚的格式为"Times New Roman、五号(与页眉文本的字号保持一致)"。在"页眉页脚"选项卡中单击"前一项"按钮,跳转到第 2 节的页脚处,单击页脚区中的"插入页码"按钮,在打开的面板中设置页码样式为"Ⅰ,Ⅱ,Ⅲ…",页码应用范围为"本节",然后单击"确定"按钮,可在页脚区插入设置的页码,如图 1-2-42所示。

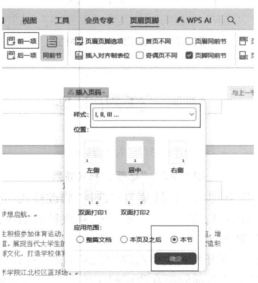

图 1-2-42 跳转到第 2 页的页脚处并插入页码

⑤可以看到第 2 节插入的页码编号从“Ⅱ”开始，同样须设置起始编号。同样在“页码编号设为:”文本框中输入“1”，此时页码编号从“Ⅰ”开始，如图 1-2-43 和图 1-2-44 所示。

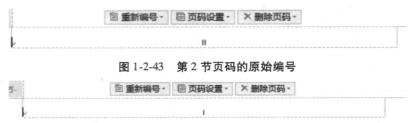

重新编号
页码设置
删除页码

图 1-2-43　第 2 节页码的原始编号

重新编号
页码设置
删除页码

图 1-2-44　设置第 2 节页码的起始编号

⑥设置第 2 节页脚的格式为“Times New Roman、五号”。封面（第 1 节）一般不需要设置页脚。至此，文档的页脚设置完毕。在“页眉页脚”选项卡中单击“关闭”按钮，退出页眉和页脚的编辑状态，返回正文的编辑状态，可看到为文档设置的页眉和页脚。

3. 使用样式

（1）应用并修改样式

①配合“Ctrl”键选中文档中“一、”到“十二、”的标题行，然后在“开始”选项卡中选择“标题 1”选项，为所选段落应用系统内置的“标题 1”样式，如图 1-2-45 至图 1-2-47 所示。

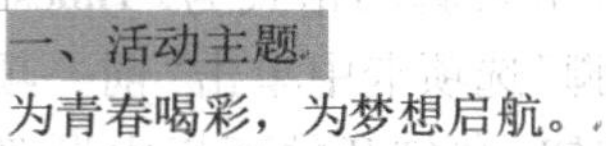

一、活动主题
为青春喝彩，为梦想启航。

图 1-2-45　选中段落

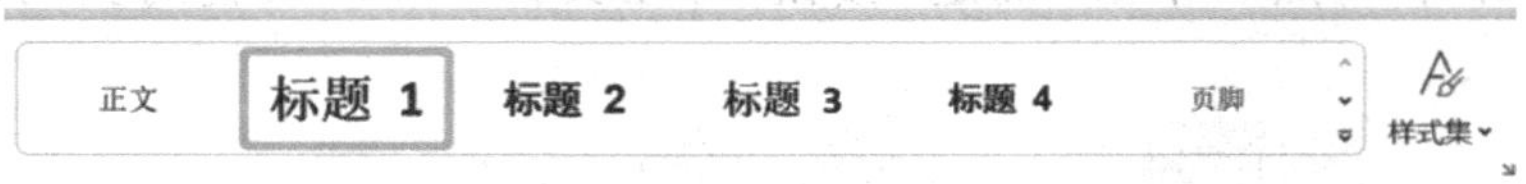

正文
标题 1
标题 2
标题 3
标题 4
页脚
样式集

图 1-2-46　应用“标题 1”样式

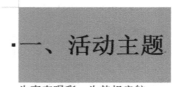

一、活动主题
为青春喝彩，为梦想启航。

图 1-2-47　“标题 1”样式效果

②右击“标题 1”样式，在弹出的快捷菜单中选择“修改样式”选项，如图 1-2-48 所示。

③打开“修改样式”对话框，在“格式”设置区，修改样式的格式为“黑体、三号、无加粗、居中对齐”，如图 1-2-49 所示。

④单击“格式”按钮，在展开的列表中选择“段落”选项，打开“段落”对话框，在“缩进和间距”选项卡中设置样式的段前间距和段后间距均为“6”磅，如图 1-2-50 所示。

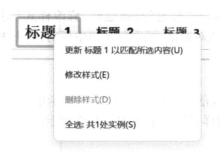

图 1-2-48 选择"修改样式"选项

图 1-2-49 设置字体

图 1-2-50 设置段落

⑤在"段落"对话框中单击"确定"按钮返回"修改样式"对话框，在"修改样式"对话框中单击"确定"按钮关闭该对话框，可看到文档中所有应用"标题1"样式的段落格式已自动更新。

（2）新建样式

①将插入点置于正文段落中，然后在"开始"选项卡中单击标题样式右下角的 按钮，在展开的列表中选择"新建样式"选项，如图1-2-51所示。

图 1-2-51　新建样式

②打开"新建样式"对话框，在"属性"设置区的"名称"编辑框中输入新样式的名称"自定义正文"，在"样式基于"下拉列表中选择"正文"选项，在"格式"设置区设置样式的格式为"宋体、五号、无加粗"，如图1-2-52所示。

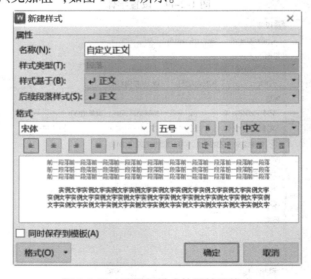

图 1-2-52　设置新样式的属性及格式

③单击"格式"按钮,在展开的列表中选择"段落"选项,打开"段落"对话框,在"缩进和间距"选项卡中设置样式的段前间距和段后间距均为"1"行,行距为"单倍行距",对齐方式为"左对齐",特殊格式为"首行缩进",度量值为"2"字符,如图 1-2-53 所示。

图 1-2-53 设置新样式的段落格式

④单击"段落"对话框中的"确定"按钮返回"新建样式"对话框,单击"新建样式"对话框中的"确定"按钮关闭该对话框,此时在"样式和格式"任务窗格及"预设样式"下拉列表中均会显示新建的"自定义正文"样式,如图 1-2-54 所示。

图 1-2-54 查看新建的样式

⑤参照应用系统内置样式的方法,将新建的"自定义正文"样式应用于文档的正文段落(也可使用格式刷工具复制格式)。

最后选中“共青团重庆航天职业技术学院委员会”及“2021 年 4 月 15 日”两行文字，设置其对齐方式为“右对齐”，如图 1-2-55 所示。

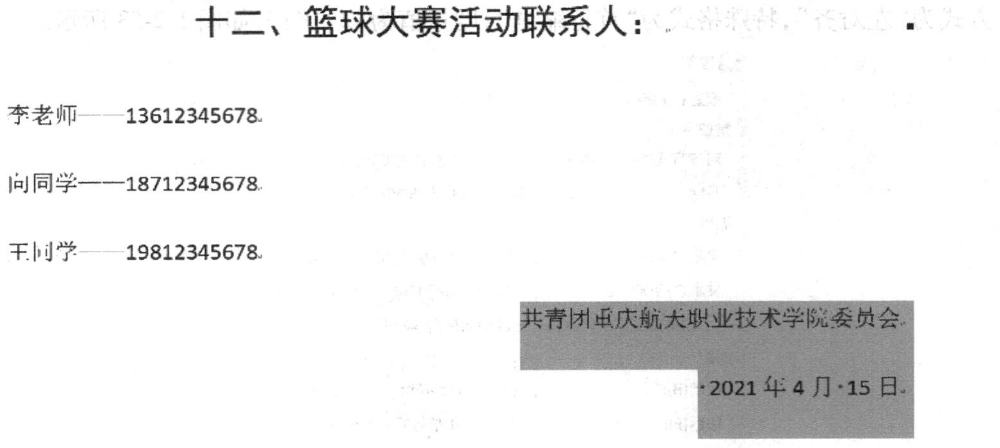

十二、篮球大赛活动联系人：
李老师——13612345678
向同学——18712345678
王同学——19812345678
共青团重庆航天职业技术学院委员会
2021 年 4 月 15 日

图 1-2-55　设置结尾对齐方式

4. 提取目录

①将插入点置于文档第 2 页（第 2 节），然后输入文本“目录”并设置其格式为“黑体、四号、居中对齐、无缩进”，接着用两个空格分隔文本，最后插入一个无格式的新段落。

②保持插入点在新段落中，然后在“引用”选项卡中单击“目录”按钮，在展开的下拉列表中选择“自定义目录”选项，打开“目录”对话框，设置目录的显示级别为“1”，其他保持默认，如图 1-2-56 所示。

目录
目录(C)
制表符前导符(B):
打印预览
标题 1......................................1
显示级别(L):
1
显示页码(S)
页码右对齐(R)
使用超链接(H)
选项(O)...
确定
取消

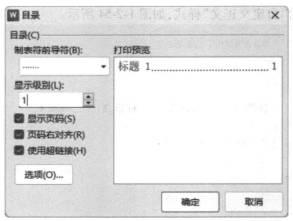

图 1-2-56　设置目录

③单击“确定”按钮，在指定位置插入目录，然后设置目录内容的中文字体为“宋体”，西文字体为“Times New Roman”，字号为“小四”，行距为“1.5 倍行距”。目录设置完毕。

5. 设置封面

①将插入点置于文档第 1 页（第 1 节），切换到“插入”选项卡，单击“图片”→“本地图

片",选择素材"重庆航天职业技术学院 logo",单击插入后的 Logo 图片,在弹出的"图片工具"选项卡中设置高度为"3.17 厘米",宽度为"14.65 厘米",如图 1-2-57 所示。

图 1-2-57　设置图片大小

②对齐方式选择"顶端对齐",如图 1-2-58 所示,完成 Logo 设置。

③在 Logo 下方输入三行文字:"篮球比赛""策划书""主办单位:共青团重庆航天职业技术学院委员会"。

④选中文字"篮球比赛",设置字体为"仿宋",字号为"小初",对齐方式为"居中对齐";选中文字"策划书",将此三个字用"Enter"键分成三行,设置字体为"仿宋",字号为"小初",对齐方式为"居中对齐",加粗;选中文字"主办单位:共青团重庆航天职业技术学院委员会",设置字体为"仿宋",字号为"小二",对齐方式为"居中对齐",如图 1-2-59 所示。

⑤选中文字"篮球比赛",打开"段落"对话框,设置段前间距和段后间距分别为"2"行和"5"行,如图 1-2-60 所示。

图 1-2-58　选择"顶端对齐"

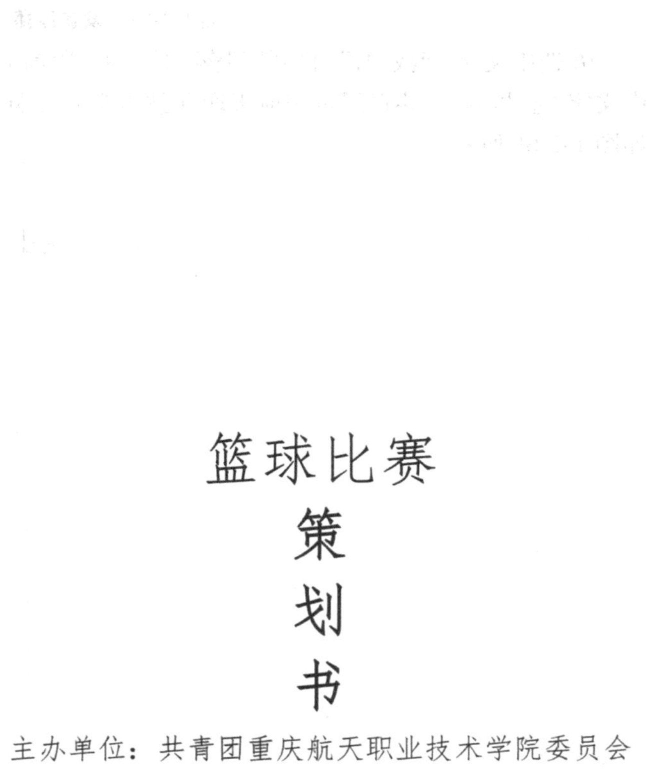

篮球比赛

策

划

书

主办单位：共青团重庆航天职业技术学院委员会

图 1-2-59　设置字体和字号

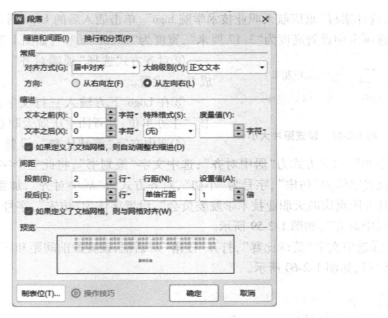

图 1-2-60　设置段落

　　⑥选中文字"策划书"，打开"段落"对话框，段前间距和段后间距都设置为"2"行；选中文字"主办单位：共青团重庆航天职业技术学院委员会"，段前间距设置为"10"行，效果如图 1-2-61 所示。

重庆航天职业技术学院
Chongqing Aerospace Polytechnic

篮球比赛

策

划

书

主办单位：共青团重庆航天职业技术学院委员会

图 1-2-61　封面效果

完成文档内容的设置后,还可以为文档设置背景颜色。常规情况下,深色文字需要配上浅色背景。在"页面"选项卡下,单击背景按钮,选择"主题颜色"下的"白色,背景1,深色5%",背景色就设置完成。

至此,篮球比赛策划书编排完毕,最后保存文档。

实训四　协同编辑服务介绍文档

(一)实训目的

1.掌握将文档上传到云端的方法;

2.掌握邀请协作人员协同编辑文档的方法;

3.掌握取消协同文档的分享并将文档保存到本地计算机的方法。

(二)实训内容

1.将文档上传到云端

①打开配套素材"服务介绍.docx"文档,单击文档窗口右上方的"分享"按钮,如图1-2-62所示。

图 1-2-62　单击"分享"按钮

②打开"和他人一起查看/编辑"选项,将文档上传至云盘,如图1-2-63所示,完成云盘上传后,则切换到协作模式。

2.邀请协作人员

再次单击文档窗口右上方的"分享"按钮,打开"协作"界面,如图1-2-64所示。接着单击"链接权限"右边的下拉菜单,在展开的列表中勾选"指定人"选项和"编辑"选项,设置文档的分享范围和权限,如图1-2-65所示,最后单击"复制链接"按钮。

图 1-2-63　上传云盘

图 1-2-64　打开"协作"界面

图 1-2-65　设置分享范围和权限

3. 协同编辑文档

①登录即时通信软件，将分享链接发送给被邀请者。被邀请者单击该链接，打开"申请权限"界面，然后单击"申请权限"按钮向邀请者发送权限申请信息，发送成功后会显示提示信息，如图 1-2-66 和图 1-2-67 所示。

图 1-2-66　申请权限　　　　　　　　　图 1-2-67　发送申请请求

②邀请者再单击审批链接或单击 WPS 中收到的信息，单击消息下方的"可编辑"选项，即可授权被邀请者编辑分享的文档。

③此时，被邀请者可在打开的文档中进行编辑操作，如在"服务价格：150 元/次"后添加"（大型犬/猫咪）"，如图 1-2-68 所示。

服务介绍

服务名称：宠物洗护。

服务价格：150 元/次（大型犬/猫咪）。

服务时间：1~2 小时。

图 1-2-68　被邀请者在文档中添加文字

④被邀请者接着为"服务项目"文档中的相关内容，进行段落修改、调整字体等美化操作，如图 1-2-69 和图 1-2-70 所示。

服务项目：

1.专业洗浴：我们的专业洗浴团队会根据不同宠物的需要，使用温和且不刺激的洗浴产品，为您的宠物进行深层清洁。无论是泡澡、按摩还是 SPA 护理，我们都能满足您的要求。

2.毛发修剪：我们的专业美容师将根据宠物的毛发特点进行修剪，保证毛发整齐有序。无论是简单的修剪还是时尚造型，我们都能为您的宠物打造出迷人的外表。

3.耳部清洁：定期清理宠物耳朵是保持其耳朵健康的重要步骤。我们会使用安全的耳部清洁产品，帮助清除耳垢和预防感染。

4.牙齿护理：宠物的口腔健康与整体健康密切相关。我们将为您的宠物提供牙齿刷洗和口腔护理服务，帮助预防口臭和牙龈疾病的发生。

5.皮肤护理：宠物的皮肤健康对于它们的舒适感极为重要。我们会针对宠物的皮肤问题提供相应治疗，帮助缓解瘙痒、控制皮屑等。

6.爪子修剪：适时修剪宠物的爪子可以避免过长导致的行走不便或伤害。我们会为您的宠物进行爪子修剪，并确保安全和舒适。

图 1-2-69　被邀请者编辑前

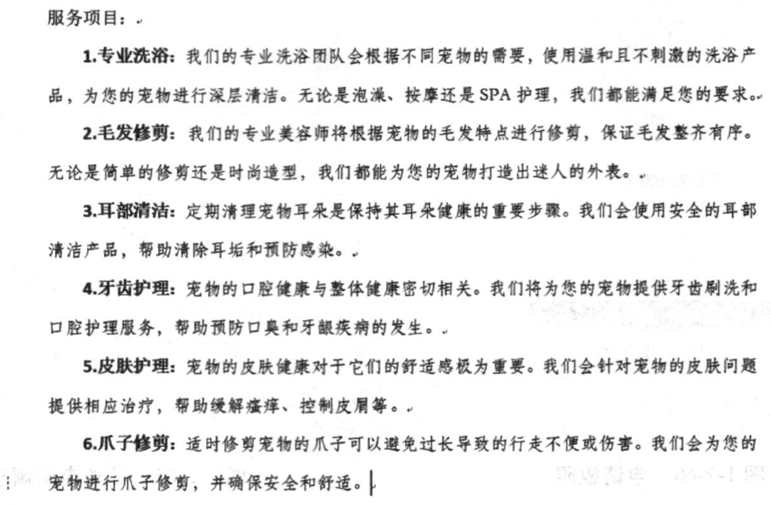

服务项目：

1.专业洗浴： 我们的专业洗浴团队会根据不同宠物的需要，使用温和且不刺激的洗浴产品，为您的宠物进行深层清洁。无论是泡澡、按摩还是 SPA 护理，我们都能满足您的要求。

2.毛发修剪： 我们的专业美容师将根据宠物的毛发特点进行修剪，保证毛发整齐有序。无论是简单的修剪还是时尚造型，我们都能为您的宠物打造出迷人的外表。

3.耳部清洁： 定期清理宠物耳朵是保持其耳朵健康的重要步骤。我们会使用安全的耳部清洁产品，帮助清除耳垢和预防感染。

4.牙齿护理： 宠物的口腔健康与整体健康密切相关。我们将为您的宠物提供牙齿刷洗和口腔护理服务，帮助预防口臭和牙龈疾病的发生。

5.皮肤护理： 宠物的皮肤健康对于它们的舒适感极为重要。我们会针对宠物的皮肤问题提供相应治疗，帮助缓解瘙痒、控制皮屑等。

6.爪子修剪： 适时修剪宠物的爪子可以避免过长导致的行走不便或伤害。我们会为您的宠物进行爪子修剪，并确保安全和舒适。

图 1-2-70　被邀请者编辑后

4.关闭协作功能并导出文档

（1）邀请者关闭协作功能

协作文档编辑完毕，邀请者在文档编辑界面单击文档窗口右上方的"分享"按钮，打开"协作"界面，如图 1-2-71 所示，关闭"和他人一起查看/编辑"选项，即可关闭协作功能，如图 1-2-72 所示。此时被邀请者会收到文档已停止协作的提示信息，如图 1-2-73 所示。

图 1-2-71　打开"协作"界面

图 1-2-72　关闭"和他人一起查看/编辑"

图 1-2-73　被邀请者收到的信息

（2）邀请者导出协作文档

单击文档名称左侧的"文件"按钮，在展开的列表中选择"另存为"选项，在弹出的列表中，选择合适的文件格式进行保存即可，如图 1-2-74 所示。

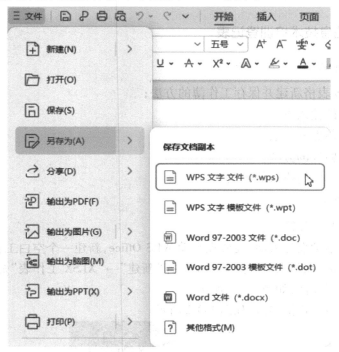

图 1-2-74 选择"另存为"选项

至此，该文档保存在本地计算机中。

项目三　表格制作

实训一　制作信息技术培训登记表

（一）实训目的

1.掌握 WPS 表格新建并保存工作簿的方法；

2.掌握数据的输入方法；

3.掌握数据的保密方法；

4.掌握数据验证的方法；

5.掌握设置单元格格式的方法。

（二）实训内容

1.新建并保存工作簿

在制作在线培训登记表前，需要先启动 WPS Office，新建一个空白工作簿并保存。

①在桌面右击，在弹出的快捷菜单中选择"新建"→"XLSX 工作表"命令，即可在桌面创建并保存一个工作簿，如图 1-3-1 所示。

②双击打开该工作簿，界面如图 1-3-2 所示。

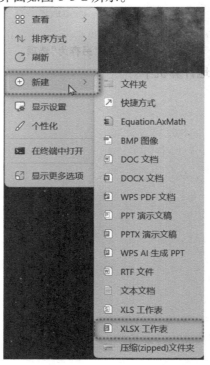

图 1-3-1　新建工作簿

图 1-3-2 新建的空白工作簿

2. 输入工作表数据

在工作表中输入数据，搭建内容框架。

①选择 A1 单元格，输入"信息技术培训登记表"，按"Enter"键切换到 A2 单元格，在其中输入"序号"。

②按"Tab"键切换到 B2 单元格，在其中输入"学号"文本，以此类推，在 C2:I2 单元格区域分别输入"院系""姓名""性别""身份证号""联系电话""报名项目""空闲时间"等文本，如图 1-3-3 所示。

A	B	C	D	E	F	G	H	I
信息技术培训登记表								
序号	学号	院系	姓名	性别	身份证号	联系电话	报名项目	空闲时间

图 1-3-3 工作表内容

③选中 A1 单元格，按住鼠标左键拖动到 I1 单元格，如图 1-3-4 和图 1-3-5 所示。单击"开始"选项卡中"合并"按钮下方的小三角，在下拉列表中选中"合并居中"选项，如图 1-3-6 所示。

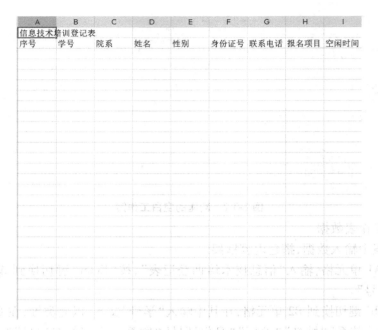

图 1-3-4 选中 A1 单元格

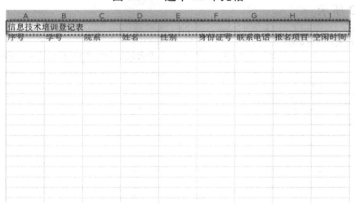

图 1-3-5 选中 A1:I1 单元格

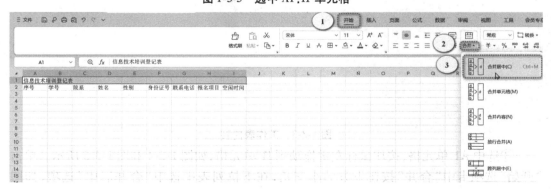

图 1-3-6 合并并居中

提示:按"Ctrl+M"组合键可以快速"合并并居中"。

④选择 A 列,按住鼠标左键拖动到 B 列,如图 1-3-7 所示,单击右键,在弹出的快捷菜单中选择"设置单元格格式"命令,如图 1-3-8 所示。在打开的"单元格格式"对话框中选择"数字"选项卡中的"数值"格式,并将小数位数设置为"0",单击"确定"按钮,如图 1-3-9 所示。

图 1-3-7　选择 A:B 列　　　　　　　　　　图 1-3-8　设置单元格格式

图 1-3-9　设置数值显示格式

⑤选择 F 列，设置单元格格式为"文本"。选择 I 列，在"开始"选项卡中找到"日期"，单击"∨"按钮，选择"长日期"选项，如图 1-3-10 所示。

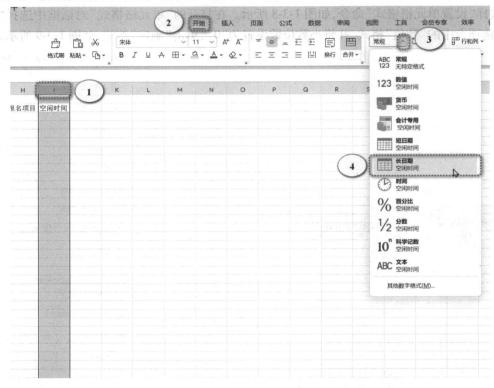

图 1-3-10　设置"长日期"选项

提示：按"Ctrl+1"组合键可以快速打开"单元格格式"对话框。

3. 设置数据验证

为了避免工作表中院系、性别、报名项目等内容输入错误，可以为这些单元格区域设置数据验证。

①选中"院系"列，在"数据"选项卡中单击"有效性"按钮，选择"有效性"选项，如图 1-3-11 所示。打开"数据有效性"对话框，在"允许"下拉列表中选择"序列"选项，在"来源"文本框中输入"机电学院,航空学院,航旅学院,电信学院,智信学院,财贸学院"，如图 1-3-12 所示。

提示：文本框中的分隔逗号是英文状态下的逗号，如果输入中文逗号会出现多个选项变为一个的情况。

②单击"输入信息"选项卡，在"标题"文本框内输入"注意"文本，在"输入信息"文本框中输入"只能输入机电学院、航空学院、航旅学院、电信学院、智信学院、财贸学院"，如图 1-3-13 所示。

③单击"出错警告"选项卡，在"标题"文本框中输入"警告"文本，在"错误信息"文本框中输入"输入信息有误,请选择下拉框"，单击"确定"按钮，即设置完成，如图 1-3-14 所示。

图 1-3-11　单击"有效性"按钮

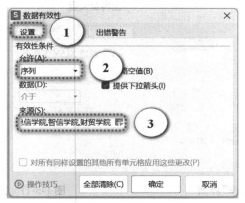

图 1-3-12　"数据有效性"对话框

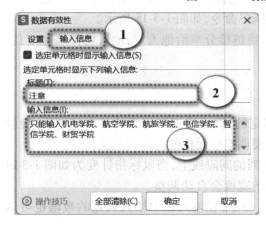

图 1-3-13　设置输入信息

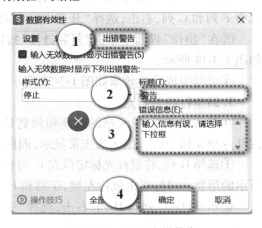

图 1-3-14　设置出错警告

④在 E 列即"性别"列，使用同样方法，设置数据验证为"男，女"。在 H 列即"报名项目"列，设置数据验证为"PYTHON 培训，WPS 培训，MS 培训，JAVA 培训，C 语言培训"。

4. 将表格设置成在线协作模式

①单击工作簿右上角的"分享"按钮，如图 1-3-15 所示，即可以看到"协作"界面，打开"和他人一起查看/编辑"选项，如果为首次使用，需要上传文档到云盘，如图 1-3-16 和图 1-3-17 所示。

图 1-3-15　单击"分享"按钮

图 1-3-16　"协作"界面

图 1-3-17　上传至云盘

②在分享链接之前需要将一些隐私和敏感信息隐藏，如个人身份证号、联系电话等。选中 F 列和 G 列，右击，选择"开启内容自动隐藏"命令，如图 1-3-18 所示。

③在"协作"界面中单击"复制链接"按钮，将链接分享给他人，与他人协作填写信息，如图 1-3-19 所示。

④填写完成后的效果如图 1-3-20 所示。

5. 调整行高与列宽

在默认状态下，单元格的行高和列宽是固定的，输入培训登记表的基本信息后，会发现部分单元格中的数据无法正常显示，因此需要调整单元格的行高和列宽。

①选择 G 列，将鼠标光标定位在 G 列和 H 列的间隔线上，当鼠标指针变为如图 1-3-21 所示的形状⟷时，双击鼠标左键，G 列和 H 列的宽度会自动调整。

提示：选中 G 列与 H 列，右击，选择"列宽"命令，在输入框中输入列宽的数值也可调整列宽。

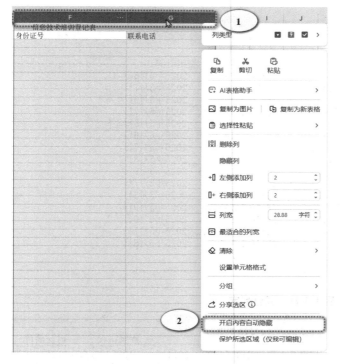

图 1-3-18　开启内容自动隐藏

图 1-3-19　分享链接

A	B	C	D	E	F	G	H	I
					信息技术培训登记表			
序号	学号	院系	姓名	性别	身份证号	联系电话	报名项目	空闲时间
1	20240001	航空学院	张一	男	121415100201131515	12222222221	PYTHON培训	2025年5月6日
2	20240002	航旅学院	张二	女	121415100201131516	12222222222	WPS培训	2025年5月7日
3	20240003	机电学院	张三	男	121415100201131517	12222222223	MS培训	2025年5月8日
4	20240004	智信学院	张四	女	121415100201131518	12222222224	JAVA培训	2025年5月9日
5	20240005	电信学院	李一	男	121415100201131519	12222222225	PYTHON培训	2025年5月6日
6	20240006	财贸学院	李二	男	121415100201131520	12222222226	WPS培训	2025年5月7日
7	20240007	航空学院	李三	女	121415100201131521	12222222227	MS培训	2025年5月8日
8	20240008	航旅学院	李四	女	121415100201131522	12222222228	JAVA培训	2025年5月9日
9	20240009	机电学院	王一	男	121415100201131523	12222222229	PYTHON培训	2025年5月6日
10	20240010	智信学院	王二	男	121415100201131524	12222222230	WPS培训	2025年5月7日
11	20240011	电信学院	王三	男	121415100201131525	12222222231	MS培训	2025年5月6日
12	20240012	财贸学院	王四	男	121415100201131526	12222222232	JAVA培训	2025年5月6日
13	20240013	航空学院	赵一	女	121415100201131527	12222222233	PYTHON培训	2025年5月7日
14	20240014	航旅学院	赵二	女	121415100201131528	12222222234	WPS培训	2025年5月8日
15	20240015	机电学院	赵三	男	121415100201131529	12222222235	MS培训	2025年5月9日

图 1-3-20　输入数据后的效果

②选择第 1 行,将鼠标光标定位在第 1 行和第 2 行的间隔线上,当鼠标指针变为如图 1-3-22 所示的形状 ⬍ 时,双击鼠标左键,两行的行高会自动调整。

提示:选中第 1 行,右击,选择"行高"命令,也可输入数值调整行高。

20240010

D	E	F	G	H	I	J
		信息技术培训登记表				
姓名	性别	身份证号	联系电话	报名项目	空闲时间	
张一	男	1214151002011314151	1.22E+10	PYTHON培训	2025年5月6日	
张二	女	1214151002011314161	1.22E+10	WPS培训	2025年5月7日	
张三	男	1214151002011314171	1.22E+10	MS培训	2025年5月6日	
张四	男	1214151002011314181	1.22E+10	JAVA培训	2025年5月7日	
李一	女	1214151002011314191	1.22E+10	WPS培训	2025年5月8日	
李二	男	1214151002011314201	1.22E+10	PYTHON培训	2025年5月6日	
李三	女	1214151002011314211	1.22E+10	C语言培训	2025年5月7日	
李四	男	1214151002011314221	1.22E+10	JAVA培训	2025年5月8日	
王一	男	1214151002011314231	1.22E+10	PYTHON培训	2025年5月9日	
王二	女	1214151002011314241	1.22E+10	WPS培训	2025年5月7日	
王三	男	1214151002011314251	1.22E+10	MS培训	2025年5月8日	
王四	男	1214151002011314261	1.22E+10	JAVA培训	2025年5月9日	
赵一	男	1214151002011314271	1.22E+10	WPS培训	2025年5月6日	
赵二	男	1214151002011314281	1.22E+10	PYTHON培训	2025年5月7日	
赵三	女	1214151002011314291	1.22E+10	C语言培训	2025年5月8日	

图 1-3-21　调整列宽

	序号	学号	院系	姓名	性别	身份证号	联系电话	报名项目
					信息技术培训登记表			
3	1	20240001	航空学院	张一	男	121415100201131415	12224266665	PYTHON培训

图 1-3-22　调整行高

6.设置单元格格式

完成行高和列宽设置后,还需要设置培训登记表的单元格格式,包括字体和边框。

①选择 A1:I17 单元格区域,单击"开始"选项卡,在"字体"下拉框中选择"宋体",字号设为"14","对齐方式"选择"居中对齐",并调整列宽,如图 1-3-23 所示。

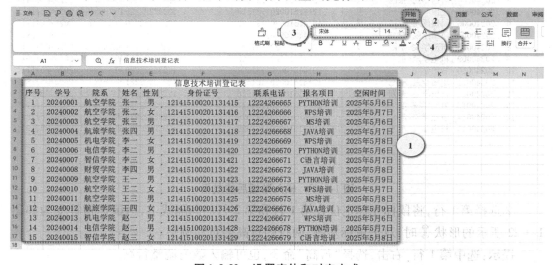

图 1-3-23　设置字体和对齐方式

②选择 A1:I17 单元格区域,右击,选择"设置单元格格式"命令,如图 1-3-24 所示。打开"单元格格式"对话框,单击"边框"选项卡,在"样式"选择框中选择所需样式,在"边框"选择区域中选择"内部""外边框",单击"确定"按钮,如图 1-3-25 所示。

图 1-3-24　选择"设置单元格格式"命令

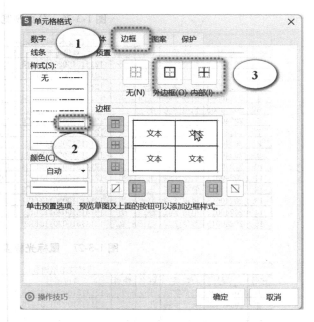

图 1-3-25　设置边框

7. 打印工作表

制作完培训登记表后,还需要打印工作表,为了保证打印效果,需要先调整打印页面。

①单击"视图"选项卡中的"分页预览"按钮,可以看到打印的页数情况,如图 3-1-26 所示。显示一共两页,第一页的表头是"序号、学号、院系、姓名、性别、身份证号、联系电话",第二页的表头是"报名项目、空闲时间"。

②将鼠标光标放在虚线处,单击虚线不松开,右拖至"空闲时间"列的右侧,打印页面变为一页,如图 1-3-27 和图 1-3-28 所示。

图 1-3-26　分页预览

序号	学号	院系	姓名	性别	身份证号	联系电话	报名项目	空闲时间
					信息技术培训登记表			
1	20240001	航空学院	张一	男	12141510020131415	12224266665	PYTHON培训	2025年5月6日
2	20240002	航空学院	张二	女	12141510020131416	12224266666	WPS培训	2025年5月7日
3	20240003	航空学院	张三	男	12141510020131417	12224266667	MS培训	2025年5月6日
4	20240004	航旅学院	张四	男	12141510020131418	12224266668	JAVA培训	2025年5月7日
5	20240005	机电学院	李一	女	12141510020131419	12224266669	WPS培训	2025年5月8日
6	20240006	电信学院	李二	男	12141510020131420	12224266670	PYTHON培训	2025年5月6日
7	20240007	智信学院	李三	女	12141510020131421	12224266671	C语言培训	2025年5月7日
8	20240008	财贸学院	李四	男	12141510020131422	12224266672	JAVA培训	2025年5月8日
9	20240009	航空学院	王一	男	12141510020131423	12224266673	PYTHON培训	2025年5月9日
10	20240010	航空学院	王二	女	12141510020131424	12224266674	WPS培训	2025年5月7日
11	20240011	航空学院	王三	男	12141510020131425	12224266675	MS培训	2025年5月8日
12	20240012	航旅学院	王四	女	12141510020131426	12224266676	JAVA培训	2025年5月9日
13	20240013	机电学院	赵一	男	12141510020131427	12224266677	WPS培训	2025年5月6日
14	20240014	电信学院	赵二	男	12141510020131428	12224266678	PYTHON培训	2025年5月7日
15	20240015	智信学院	赵三	女	12141510020131429	12224266679	C语言培训	2025年5月8日

图 1-3-27　鼠标光标变化

序号	学号	院系	姓名	性别	身份证号	联系电话	报名项目	空闲时间
					信息技术培训登记表			
1	20240001	航空学院	张一	男	12141510020131415	12224266665	PYTHON培训	2025年5月6日
2	20240002	航空学院	张二	女	12141510020131416	12224266666	WPS培训	2025年5月7日
3	20240003	航空学院	张三	男	12141510020131417	12224266667	MS培训	2025年5月6日
4	20240004	航旅学院	张四	男	12141510020131418	12224266668	JAVA培训	2025年5月7日
5	20240005	机电学院	李一	女	12141510020131419	12224266669	WPS培训	2025年5月8日
6	20240006	电信学院	李二	男	12141510020131420	12224266670	PYTHON培训	2025年5月6日
7	20240007	智信学院	李三	女	12141510020131421	12224266671	C语言培训	2025年5月7日
8	20240008	财贸学院	李四	男	12141510020131422	12224266672	JAVA培训	2025年5月8日
9	20240009	航空学院	王一	男	12141510020131423	12224266673	PYTHON培训	2025年5月9日
10	20240010	航空学院	王二	女	12141510020131424	12224266674	WPS培训	2025年5月7日
11	20240011	航空学院	王三	男	12141510020131425	12224266675	MS培训	2025年5月8日
12	20240012	航旅学院	王四	女	12141510020131426	12224266676	JAVA培训	2025年5月9日
13	20240013	机电学院	赵一	男	12141510020131427	12224266677	WPS培训	2025年5月6日
14	20240014	电信学院	赵二	男	12141510020131428	12224266678	PYTHON培训	2025年5月7日
15	20240015	智信学院	赵三	女	12141510020131429	12224266679	C语言培训	2025年5月8日

图 1-3-28　拖拽后的效果图

③单击"打印机"图标，即可打印，如图 1-3-29 所示。

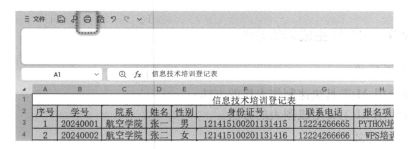

图 1-3-29　打印

8. 保护工作表和工作簿

制作完培训登记表后,还可以对工作表和工作簿进行保护设置,防止他人篡改表格数据。

①单击"审阅"选项卡,单击"保护工作表"按钮,如图 1-3-30 所示。

②在打开的"保护工作表"对话框的"密码"处,填写密码,单击"确认"按钮,如图 1-3-31 所示。

③在打开的"确认密码"对话框中再次输入密码,单击"确认"按钮,即保护了工作表,如图 1-3-32 所示。

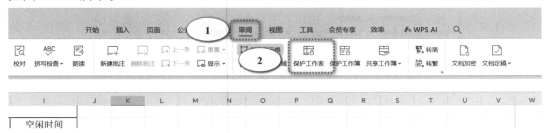

图 1-3-30　单击"保护工作表"按钮

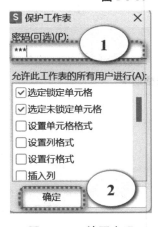

图 1-3-31　填写密码

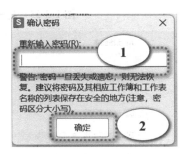

图 1-3-32　确认密码

实训二　使用 WPS AI 生成活动图表

（一）实训目的

1. 掌握使用 AI 工具快速制作表格的方法；

2. 掌握使用 AI 工具生成图表的方法。

（二）实训内容

目前一些专业的 AI 工具具备强大的数据分析与图形绘制能力，能够快速精准地分析数据，并且自动将其填入表格中。用户只需要精准提问，AI 工具就能够迅速完成图表的生成，极大地提高了工作效率。接下来，以 WPS AI 工具为例，生成一个"国家安全日活动费用预算表"。

1. 使用 AI 工具快速制作表格

①打开 WPS 表格后，单击"WPS AI"选项卡，然后单击"AI 表格助手"按钮，如图 1-3-33 所示。打开"AI 表格助手"对话框，如图 1-3-34 所示。

图 1-3-33　打开"AI 表格助手"

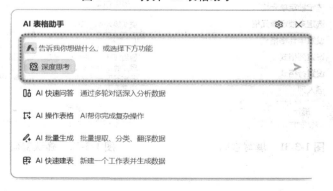

图 1-3-34　"AI 表格助手"对话框

提示:"深度思考"按钮选中后,会使用 DeepSeek 模型,其分析问题与解决问题能力较强,使用时需联网。

②在"AI 表格助手"对话框的文本框中输入需求,如"帮我生成一个国家安全日活动费用预算表",如果需要,则单击"保留",如果不需要,则单击"撤销",如图 1-3-35 所示。

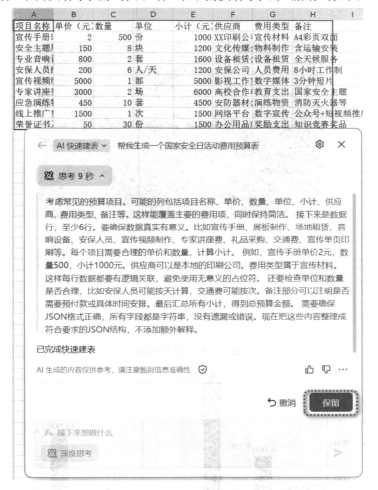

图 1-3-35 生成数据

③如果 WPS AI 所生成的内容与需求不符,则可以继续提出需求,对表格内容进行优化,如"请在国家安全日预算表中添加申请日期和预计使用日期,并且生成合理数据",WPS AI 会根据这些需求继续优化表格内容,效果如图 1-3-36 所示。同样,如需要数据,则单击"保留";不需要数据,则单击"撤销"。

2. 使用 AI 工具生成柱状图

①完成表格后,需要对数据进行可视化处理,可以输入"根据上面的预算表,绘制一个柱状图",WPS AI 会自动将表格数据转化为柱状图,如图 1-3-37 所示。

项目名称	预算金额	实际支出	供应商	用途说明	负责人	采购状态	备注	申请日期	预计使用日
宣传资料印	5000	4800	XX印刷公司	国家安全	张主任	已完成	包含500册	2025/5/28	2025/6/11
LED展板租	8000	8200	会展科技	主会场背	李科长	已完成	包含运输	2025/5/30	2025/6/11
宣传视频拍	15000	14500	传媒工作	安全教育	王干事	进行中	含后期剪	2025/6/1	2025/6/13
安保服务	3000	3000	保安公司	现场秩序	赵队长	已签约	2名安保人	2025/6/7	2025/6/17
纪念品采购	6000	5500	文创用品	定制国家	陈经理	待付款	200个容量	2025/6/7	2025/6/16
培训讲座	10000	9800	安全教育	专家专题	周老师	已完成	含场地设	2025/6/3	2025/6/16

图 1-3-36　修改数据

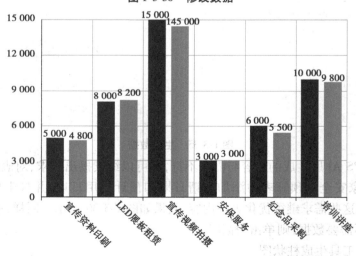

图 1-3-37　绘制柱状图

②如果 WPS AI 自动生成的柱状图不符合需求,则可以通过提问的方式重新绘制,如提出"将预算金额与实际金额的柱状图标为不同颜色",此外,还可以更改图表的类型,如提出"将柱状图改为饼图"等,如图 1-3-38 和图 1-3-39 所示。

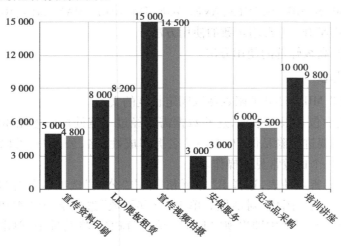

图 1-3-38　调整不同颜色

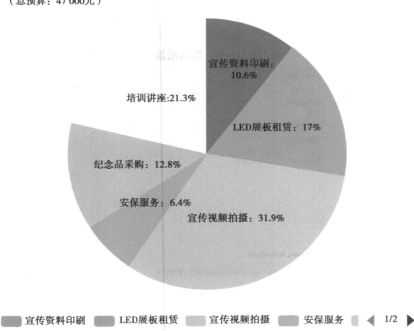

图 1-3-39　改为饼图

实训三　编辑销售业绩表

（一）实训目的

1. 掌握 SUM、SUMIF、SUMIFS、AVERAGE、DATEDIF、MAX、MIN、RANK、IFS、LEFT、MID、RIGHT、COUNTIFS 等常用函数的使用方法；

2. 掌握筛选、高级筛选的使用方法。

（二）实训内容

1. 使用 LEFT、MID、RIGHT 函数截取固定长度的文本

销售业绩表中包含很多数据，这些数据需要经过一定处理后才能体现个人的实际成绩，有的时候也需要进行隐私保护，如将姓名拆解成姓+名，公示时，可以使用"祝某"等，因此拆分姓名是一个比较常见的操作。

①打开员工销售业绩表，选择 B2 单元格，单击"公式"选项卡下的"插入"按钮，如图1-3-40 所示，打开"插入函数"对话框。单击"全部函数"选项卡，在"查找函数"文本框中输入"left"，"选择函数"框中即出现"LEFT"，单击"LEFT"将其选中，单击"确定"按钮，如图 1-3-41 所示。

图 1-3-40　插入函数

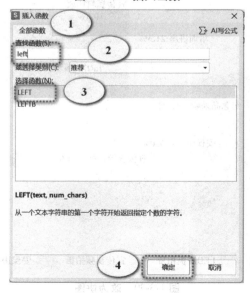

图 1-3-41　"插入函数"对话框

②打开"函数参数"对话框,可以看到函数"LEFT"包含两个参数,一个是"字符串",另一个是"字符个数"。在"字符串"文本框中输入"A2",在"字符个数"文本框中输入"1",如图 1-3-42 所示。"LEFT"函数的作用为从左边截取多少个字符,最后单击"确定"按钮即可,效果如图 1-3-43 所示。

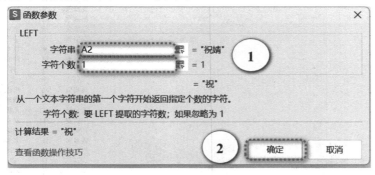

图 1-3-42 "函数参数"对话框   图 1-3-43 确定后的效果

③可以按照相同方式将名取出,插入函数"RIGHT",在"函数参数"对话框的"字符串"文本框中输入"A2","字符个数"文本框中输入"1",如图 1-3-44 所示。"RIGHT"函数的作用为从右边截取多少个字符,单击"确定"按钮即可,效果如图 1-3-45 所示。

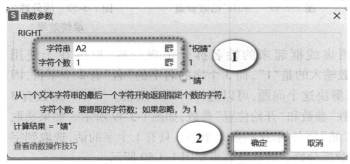

图 1-3-44 "函数参数"对话框   图 1-3-45 提取后的效果

④当鼠标光标变为➕形状时,按住鼠标左键不放拖动选择 B2 和 C2 两个单元格,如图 1-3-46 所示。将鼠标光标移动至单元格右下角呈现黑色十字架形状,如图 1-3-47 所示,双击鼠标左键,"姓名"列的所有名字将被分别提取,最终呈现效果如图 1-3-48 所示。

图 1-3-46 选取单元格   图 1-3-47 鼠标变为黑色十字架形状

姓名	姓	名	销售部门
祝婧	祝	婧	销售一部
唐顺	唐	顺	销售二部
王大庆	王	庆	销售二部
牛迁安	牛	安	销售二部
李政民	李	民	销售一部
杨大同	杨	同	销售三部
夏峰玉	夏	玉	销售一部
赵燕燕	赵	燕	销售二部
钱德兴	钱	兴	销售一部
李宇哲	李	哲	销售一部
柳盘水	柳	水	销售一部
诸神府	诸	府	销售三部
孙月	孙	月	销售一部
李鞍	李	鞍	销售一部
乌玛依	乌	依	销售三部
黑西西	黑	西	销售二部
孟凡帆	孟	帆	销售三部
牛安安	牛	安	销售三部
孙鹤岗	孙	岗	销售三部
钱多多	钱	多	销售三部
赵本溪	赵	溪	销售二部
石碌	石	碌	销售二部
马鞍山	马	山	销售二部
陈梓辉	陈	辉	销售二部
白云博	白	博	销售二部
潘枝花	潘	花	销售二部
牛胜利	牛	利	销售二部
秦军	秦	军	销售二部
李东川	李	川	销售一部
平顶山	平	山	销售一部

图 1-3-48 拆分姓名的效果

图 1-3-49 "MID"函数参数

姓名	姓	名
祝婧	祝	婧
唐顺	唐	顺
王大庆	王	大庆
牛迁安	牛	迁安
李政民	李	政民
杨大同	杨	大同
夏峰玉	夏	峰玉
赵燕燕	赵	燕燕
钱德兴	钱	德兴
李宇哲	李	宇哲
柳盘水	柳	盘水
诸神府	诸	神府
孙月	孙	月
李鞍	李	鞍
乌玛依	乌	玛依
黑西西	黑	西西
孟凡帆	孟	凡帆
牛安安	牛	安安
孙鹤岗	孙	鹤岗
钱多多	钱	多多
赵本溪	赵	本溪
石碌	石	碌
马鞍山	马	鞍山
陈梓辉	陈	梓辉
白云博	白	云博
潘枝花	潘	枝花
牛胜利	牛	胜利
秦军	秦	军
李东川	李	东川
平顶山	平	顶山

图 1-3-50 拆分姓名
最终效果

⑤从图 1-3-48 可以看出，用虚线框起来的姓名拆分出现问题，原因在于使用"RIGHT"函数时，"字符个数"参数输入的是"1"，而 3 个字的名字的"名"有 2 个字符，因此为了避免每次通过修改参数来解决这个问题，可以选择"MID"函数。"MID"函数有 3 个参数："字符串"参数、"字符个数"参数和"开始位置"参数，如图 1-3-49 所示。如果选取名，"开始位置"参数为"2"，即从"婧"字开始，往后数 2 个字。只有 1 个字的话，选取到字符串最后即停止。使用"MID"函数拆分姓名的最终效果如图 1-3-50 所示。

提示：拆分姓可以选择在 B2 单元格内输入"=LEFT(A2,1)"，拆分名可以在 C2 单元格内输入"=MID(A2,2,2)"，其中的"="不能省略。

2. 使用"DATEDIF"函数计算工龄

"DATEDIF"函数用来计算两个日期之间的天数、月数、年数。即通过计算两个日期之间的差值得到其时间差。在销售业绩表中可以通过该函数查看员工的工龄。

①在 F2 单元格内输入"=datedif"，下方出现提示"DATEDIF"，如图 1-3-51 所示。

提示：双击"DATEDIF"出现如图 1-3-52 所示的提示，提示需要输入"开始日期"参数，开始日期与终止日期之间用","隔开，终止日期与比较单位用","隔开。

②单击 fx 按钮，如图 1-3-53 所示，弹出"函数参数"对话框，可以看到有 3 个参数。"开始日期"参数代表入职时间，在"开始日期"文本框中输入"E2"。"终止日期"参数代表某一时间，如果要填最新日期可以使用"now()"函数，如图 1-3-54 所示，如果不填最新日期，如"2025 年 4 月 20 日"，则在"终止日期"文本框中输入""2025-4-20""，双引号必

须为英文并且不能省略,如图 1-3-55 所示。"比较单位"参数代表"所需信息的返回类型
("Y","M","D")",即输入""y""代表以年为单位,""M""代表以月为单位,""D""代表
以日为单位,计算工龄以年为单位,所以在"比较单位"文本框中输入""Y"",双引号必须
为英文并且不能省略,"Y,M,D"不区分大小写。若参数后出现"#NAME?",说明该行参
数设置出现问题,如图 1-3-56 所示,检查修改完毕后,单击"确定"按钮。

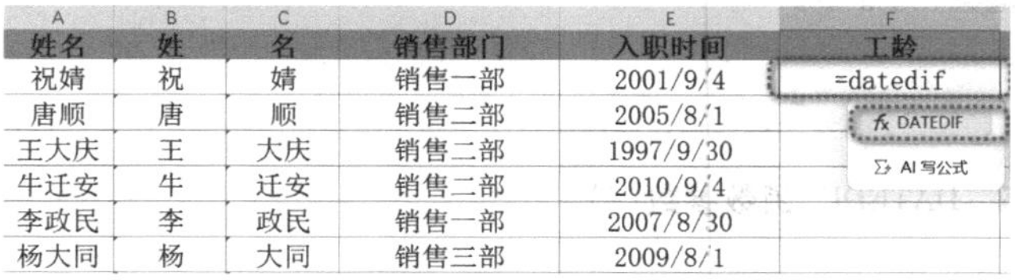

姓名	姓	名	销售部门	入职时间	工龄
祝婧	祝	婧	销售一部	2001/9/4	=datedif
唐顺	唐	顺	销售二部	2005/8/1	
王大庆	王	大庆	销售二部	1997/9/30	
牛迁安	牛	迁安	销售二部	2010/9/4	
李政民	李	政民	销售一部	2007/8/30	
杨大同	杨	大同	销售三部	2009/8/1	

图 1-3-51 输入函数出现提示　　　　**图 1-3-52 下方提示**

提示:单击 f_x 按钮可以弹出"函数参数"对话框,使用"Shift+F3"组合键也可以打开
"函数参数"对话框。

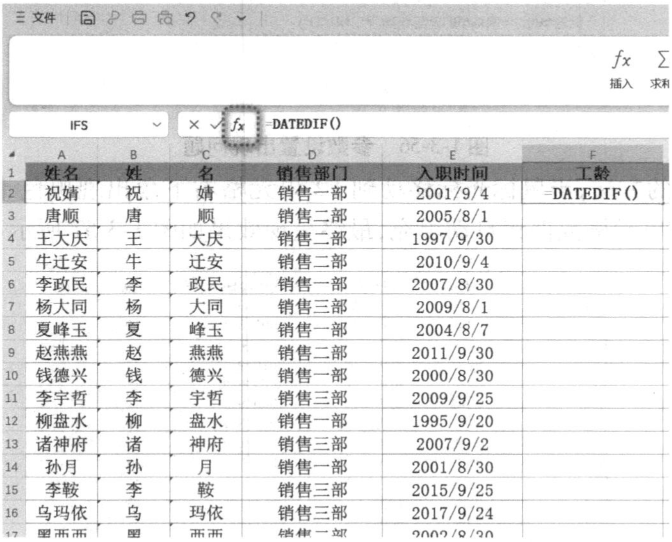

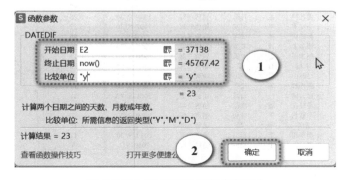

图 1-3-53 f_x 按钮

图 1-3-54 DATEDIF 函数参数(1)

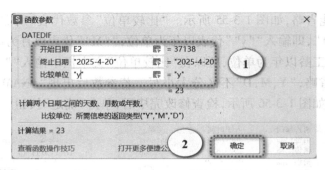

图 1-3-55　DATEDIF 函数参数（2）

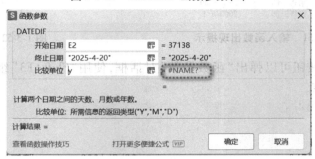

图 1-3-56　参数设置出现问题

③按照前面的方法，当鼠标光标移动到 F2 单元格右下角出现黑色十字形状后双击，"工龄"列的其他单元格数据将自动填充，最终呈现效果如图 1-3-57 所示。

姓名	姓	名	销售部门	入职时间	工龄
祝婧	祝	婧	销售一部	2001/9/.	23
唐顺	唐	顺	销售二部	2005/8/1	19
王大庆	王	大庆	销售二部	1997/9/30	27
牛迁安	牛	迁安	销售二部	2010/9/4	14
李政民	李	政民	销售一部	2007/8/30	17
杨大同	杨	大同	销售三部	2009/8/1	15
夏峰玉	夏	峰玉	销售二部	2004/8/7	20
赵燕燕	赵	燕燕	销售二部	2011/9/30	13
钱德兴	钱	德兴	销售一部	2000/8/30	24
李宇哲	李	宇哲	销售一部	2009/9/25	15
柳盘水	柳	盘水	销售一部	1995/9/20	29
诸神府	诸	神府	销售三部	2007/9/2	17
孙月	孙	月	销售一部	2001/8/30	23
李鞍	李	鞍	销售三部	2015/9/25	9
乌玛依	乌	玛依	销售三部	2017/9/24	7
黑西西	黑	西西	销售二部	2002/8/30	22
孟凡帆	孟	凡帆	销售二部	1998/8/30	26
牛安安	牛	安安	销售三部	1997/8/30	27
孙鹤岗	孙	鹤岗	销售三部	2004/9/2	20
钱多多	钱	多多	销售一部	2002/9/30	22
赵本溪	赵	本溪	销售三部	2010/9/30	14
石碌	石	碌	销售三部	2001/8/30	23
马鞍山	马	鞍山	销售二部	2016/8/30	8
陈梓辉	陈	梓辉	销售二部	2007/9/30	17
白云博	白	云博	销售二部	2001/8/30	23
潘枝花	潘	枝花	销售二部	2008/9/30	16
牛胜利	牛	胜利	销售二部	2019/9/30	5
秦军	秦	军	销售四部	2014/9/30	10
李东川	李	东川	销售一部	2013/9/30	11
平顶山	平	顶山	销售一部	2019/9/1	5

图 1-3-57　工龄填充后的效果

3.使用"IFS"函数判断销售等级

"IFS"函数用于判断数据表中的某个数据是否满足多个指定条件,如果满足则返回特定值,如果不满足,则返回其他值。在销售业绩表中可以通过 IFS 判断员工的销售等级,销售等级不同,所拿到的提成也就不一样。销售等级按照销售业绩划分,如果销售业绩 > 7 万,则被评为"顶级销售";如果销售业绩 < 4 万,被评为"一般销售";其余的为"中级销售"。

① 在 H2 单元格中输入"=IFS( )",单击 *fx* 按钮,如图 1-3-58 所示,弹出"函数参数"对话框,如图 1-3-59 所示。

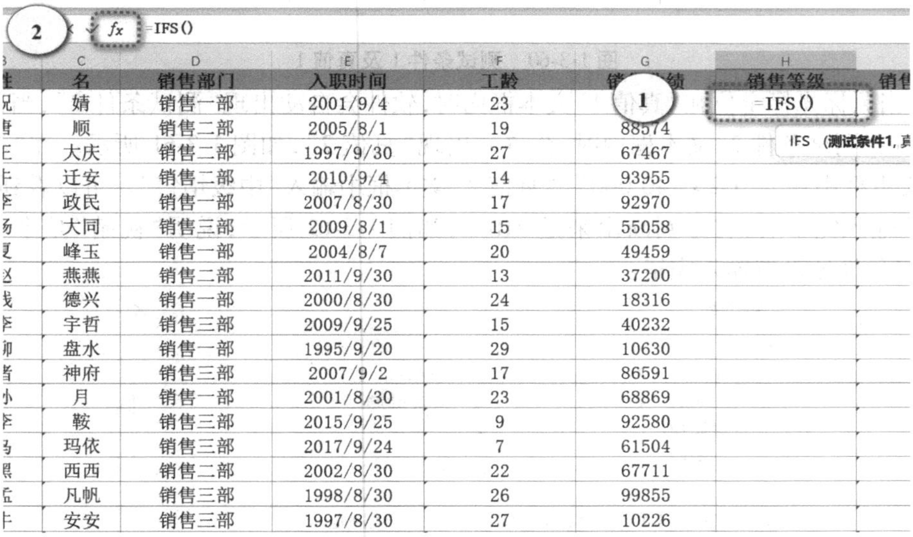

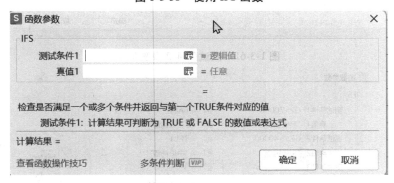

图 1-3-58 使用 IFS 函数

图 1-3-59 "函数参数"对话框

② 在"测试条件 1"的文本框中输入"G2>70 000",表示如果"G2>70 000",则输出"真值 1",在"真值 1"的文本框中输入""顶级销售"",需要有英文双引号。"测试条件 1"文本框内输入完毕后,最右边出现其判断结果为 FALSE,说明是假值,肯定不能输出"顶级销售",也就是说 G2 单元格中的数是小于等于 70 000 的,如图 1-3-60 所示。

提示：此处可以不用手动加上英文双引号，WPS 软件会自动加入。

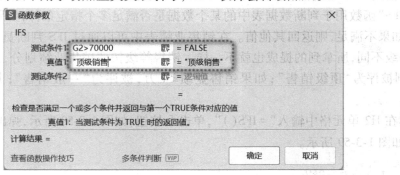

图 1-3-60　测试条件 1 及真值 1

③当鼠标光标定位在"真值 1"文本框内时，软件会自动出现"测试条件 2"，当鼠标光标定位在"测试条件 2"文本框内时，会自动出现"真值 2"，如图 1-3-61 所示。在"测试条件 2"文本框中输入"G2>=40 000"，"真值 2"文本框中输入"中级销售"。可以看到"测试条件 2"输入完毕后，右方判断出来是 TRUE，如图 1-3-62 所示，说明"祝婧"是个中级销售，这时条件还没有输入完毕。

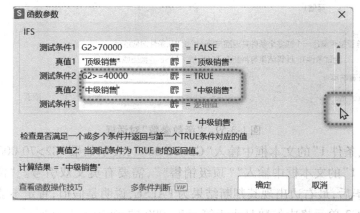

图 1-3-61　测试条件 2 及真值 2

图 1-3-62　中级销售判断

④在"测试条件3"文本框中输入"G2<40 000","真值3"文本框中输入"一般销售",如图 1-3-63 所示,单击"确定"按钮,函数书写完毕,效果如图 1-3-64 所示。

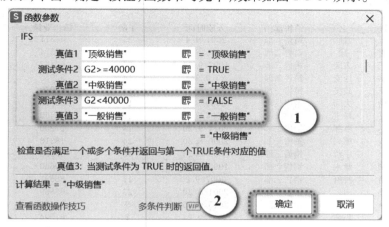

图 1-3-63 一般销售判断

姓名	姓	名	销售部门	入职时间	工龄	销售业绩	销售等级	销售业
祝婧	祝	婧	销售一部	2001/9/4	23	44371	中级销售	20
唐顺	唐	顺	销售二部	2005/8/1	19	88574		7
王大庆	王	大庆	销售二部	1997/8/30	27	67467		15
牛迁安	牛	迁安	销售二部	2010/9/4	14	93955		3
李政民	李	政民	销售一部	2007/8/30	17	92970		4
杨大同	杨	大同	销售三部	2009/8/1	15	55058		17
夏峰玉	夏	峰玉	销售一部	2004/8/7	20	49459		19
赵燕燕	赵	燕燕	销售二部	2011/9/30	13	37200		23
钱德兴	钱	德兴	销售一部	2000/8/30	24	18316		28
李宇哲	李	宇哲	销售三部	2009/9/25	15	40232		29
柳盘水	柳	盘水	销售一部	1995/9/20	29	10630		29
诸神府	诸	神府	销售三部	2007/9/2	17	86591		10
孙月	孙	月	销售一部	2001/8/30	23	68869		13
李鞍	李	鞍	销售三部	2015/9/25	9	92580		5
乌玛依	乌	玛依	销售三部	2017/9/24	7	61504		10
黑西西	黑	西西	销售二部	2002/8/30	22	67711		14
孟凡帆	孟	凡帆	销售三部	1998/8/30	26	99855		1
牛安安	牛	安安	销售三部	1997/8/30	27	10226		30
孙鹤岗	孙	鹤岗	销售三部	2004/9/2	20	87731		9
钱多多	钱	多多	销售三部	2002/9/30	22	26832		24
赵本溪	赵	本溪	销售三部	2010/9/30	14	87842		8
石碌	石	碌	销售三部	2001/9/30	23	94709		2
马鞍山	马	鞍山	销售二部	2016/8/30	8	33334		23
陈梓辉	陈	梓辉	销售二部	2007/9/30	17	89307		6
白云博	白	云博	销售二部	2001/8/30	23	21921		27
潘枝花	潘	枝花	销售二部	2008/9/30	16	74291		13
牛胜利	牛	胜利	销售二部	2019/9/30	5	83263		1
秦军	秦	军	销售一部	2014/9/30	10	22869		23
李东川	李	东川	销售一部	2013/9/30	11	22740		26
平顶山	平	顶山	销售一部	2019/9/1	5	53569		

图 1-3-64 祝婧的销售等级判断

⑤将鼠标光标移动到 H2 单元格右下方出现黑色十字形状后双击，"销售等级"列其他单元格的数据将自动填充，销售等级最终效果，如图 1-3-65 所示。

姓名	姓	名	销售部门	入职时间	工龄	销售业绩	销售等级
祝婧	祝	婧	销售一部	2001/9/4	23	44371	中级销售
唐顺	唐	顺	销售二部	2005/8/1	19	88574	顶级销售
王大庆	王	大庆	销售二部	1997/9/30	27	67467	中级销售
牛迁安	牛	迁安	销售二部	2010/9/4	14	93955	顶级销售
李政民	李	政民	销售一部	2007/8/30	17	92970	顶级销售
杨大同	杨	大同	销售三部	2009/8/1	15	55058	中级销售
夏峰玉	夏	峰玉	销售一部	2004/8/7	20	49459	中级销售
赵燕燕	赵	燕燕	销售二部	2011/9/30	13	37200	一般销售
钱德兴	钱	德兴	销售一部	2000/8/30	24	18316	一般销售
李宇哲	李	宇哲	销售三部	2009/9/25	15	40232	中级销售
柳盘水	柳	盘水	销售一部	1995/9/20	29	10630	一般销售
诸神府	诸	神府	销售三部	2007/9/2	17	86591	顶级销售
孙月	孙	月	销售一部	2001/8/30	23	68869	中级销售
李鞍	李	鞍	销售三部	2015/9/25	9	92580	顶级销售
乌玛依	乌	玛依	销售三部	2017/9/24	7	61504	中级销售
黑西西	黑	西西	销售二部	2002/8/30	22	67711	中级销售
孟凡帆	孟	凡帆	销售三部	1998/8/30	26	99855	顶级销售
牛安安	牛	安安	销售三部	1997/8/30	27	10226	一般销售
孙鹤岗	孙	鹤岗	销售三部	2004/9/2	20	87731	顶级销售
钱多多	钱	多多	销售一部	2002/9/30	22	26832	一般销售
赵本溪	赵	本溪	销售三部	2010/8/30	14	87842	顶级销售
石碌	石	碌	销售三部	2001/8/30	23	94709	顶级销售
马鞍山	马	鞍山	销售二部	2016/8/30	8	33334	一般销售
陈梓辉	陈	梓辉	销售二部	2007/8/30	17	89307	顶级销售
白云博	白	云博	销售二部	2001/8/30	23	21921	一般销售
潘枝花	潘	枝花	销售二部	2008/9/30	16	74291	顶级销售
牛胜利	牛	胜利	销售二部	2019/9/30	5	83263	顶级销售
秦军	秦	军	销售一部	2014/9/30	10	22869	一般销售
李东川	李	东川	销售一部	2013/9/30	11	22740	一般销售
平顶山	平	顶山	销售一部	2019/9/1	5	53569	中级销售

图 1-3-65　销售等级效果图

4. 使用"RANK"函数计算排名

"RANK"函数用来计算某个数据在数据列表中的排名。在销售业绩表中可以通过该函数查看员工的销售业绩排名。

①在 H2 单元格内输入"=RANK"，单击 fx 按钮，如图 1-3-66 所示，弹出"函数参数"对话框，如图 1-3-67 所示。

插入　求和▾　常用▾　　财务▾　逻辑▾　文本▾　时间▾　查找与引用▾　数学和三角▾

2　✓ fx　=RANK ()

名	销售部门	入职时间	工龄	销售业绩	销售等级	销售业绩排序
婧	销售一部	2001/9/4	23	44371	1	=RANK ()
顺	销售二部	2005/8/1	19	88574	顶级销售	RANK (数值, 引
大庆	销售二部	1997/9/30	27	67467	中级销售	
迁安	销售二部	2010/9/4	14	93955	顶级销售	
政民	销售一部	2007/8/30	17	92970	顶级销售	
大同	销售三部	2009/8/1	15	55058	中级销售	
峰玉	销售一部	2004/8/7	20	49459	中级销售	
燕燕	销售二部	2011/9/30	13	37200	一般销售	

图 1-3-66　使用 RANK 函数

图 1-3-67　"函数参数"对话框

②RANK 有 3 个参数:"数值""引用""排位方式"。"数值"即要排序的数;"引用"即对一组数据或一个数据列表的引用,非数字数据会忽略;"排位方式"分为升序和降序。在"数值"文本框内输入"G2",鼠标光标定位到"引用"文本框内,单击 G2,拖拽鼠标选择 G2:G31 单元格区域,如图 1-3-68 所示,按"F4"键将 G2:G31 单元格引用地址从相对引用转换为绝对引用,如图 1-3-69 所示。

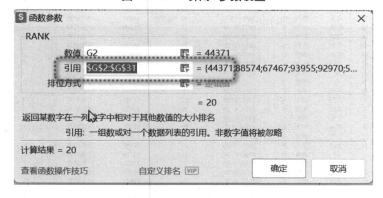

图 1-3-68　"引用"参数设置

![函数参数对话框]

图 1-3-69　绝对引用设置

③"排位方式"文本框中如果输入"0"或者忽略,则表示降序,如果输入其他数字,则表示升序,如图 1-3-70 所示,最后单击"确定"按钮,效果如图 1-3-71 所示。

图 1-3-70　函数参数设置完毕

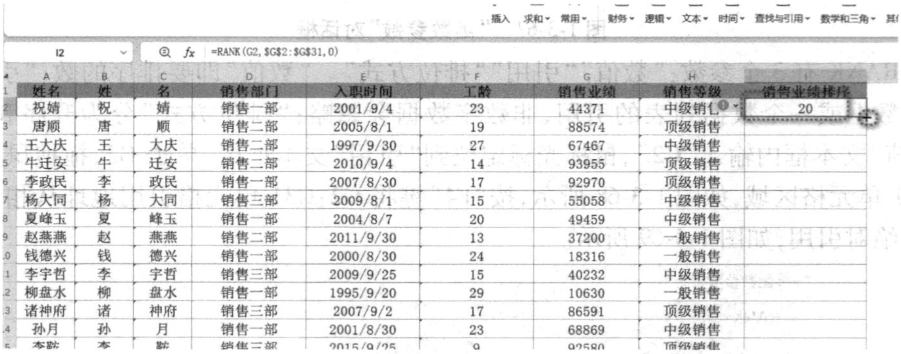

姓名	姓	名	销售部门	入职时间	工龄	销售业绩	销售等级	销售业绩排序
祝婧	祝	婧	销售一部	2001/9/4	23	44371	中级销售	20
唐顺	唐	顺	销售二部	2005/8/1	19	88574	顶级销售	
王大庆	王	大庆	销售二部	1997/9/30	27	67467	中级销售	
牛迁安	牛	迁安	销售二部	2010/9/4	14	93955	顶级销售	
李政民	李	政民	销售一部	2007/8/30	17	92970	顶级销售	
杨大同	杨	大同	销售三部	2009/8/1	15	55058	中级销售	
夏峰玉	夏	峰玉	销售一部	2004/8/7	20	49459	中级销售	
赵燕燕	赵	燕燕	销售二部	2011/9/30	13	37200	一般销售	
钱德兴	钱	德兴	销售一部	2000/8/30	24	18316	一般销售	
李宇哲	李	宇哲	销售三部	2009/9/25	15	40232	中级销售	
柳盘水	柳	盘水	销售一部	1995/9/20	29	10630	一般销售	
诸神府	诸	神府	销售三部	2007/9/2	17	86591	顶级销售	
孙月	孙	月	销售一部	2001/8/30	23	68869	中级销售	
李鞍	李	鞍	销售三部	2015/9/25	9	92580	顶级销售	

图 1-3-71　排序效果

④将鼠标光标移动到 I2 单元格右下方出现黑色十字形状后双击，"销售业绩排序"列的其他单元格数据将自动填充，销售业绩排序的最终效果如图 1-3-72 所示。

姓名	姓	名	销售部门	入职时间	工龄	销售业绩	销售等级	销售业绩排序
祝婧	祝	婧	销售一部	2001/9/4	23	44371	中级销售	20
唐顺	唐	顺	销售二部	2005/8/1	19	88574	顶级销售	7
王大庆	王	大庆	销售二部	1997/9/30	27	67467	中级销售	15
牛迁安	牛	迁安	销售二部	2010/9/4	14	93955	顶级销售	3
李政民	李	政民	销售一部	2007/8/30	17	92970	顶级销售	4
杨大同	杨	大同	销售三部	2009/8/1	15	55058	中级销售	17
夏峰玉	夏	峰玉	销售一部	2004/8/7	20	49459	中级销售	19
赵燕燕	赵	燕燕	销售二部	2011/9/30	13	37200	一般销售	22
钱德兴	钱	德兴	销售一部	2000/8/30	24	18316	一般销售	28
李宇哲	李	宇哲	销售二部	2009/9/25	15	40232	中级销售	21
柳盘水	柳	盘水	销售一部	1995/9/20	29	10630	一般销售	29
诸神府	诸	神府	销售三部	2007/9/2	17	86591	顶级销售	10
孙月	孙	月	销售一部	2001/8/30	23	68869	中级销售	13
李鞍	李	鞍	销售三部	2015/9/25	9	92580	顶级销售	5
乌玛依	乌	玛依	销售三部	2017/9/24	7	61504	中级销售	16
黑西西	黑	西西	销售一部	2002/8/30	22	67711	中级销售	14
孟凡帆	孟	凡帆	销售二部	1998/8/30	26	99855	顶级销售	1
牛安安	牛	安安	销售一部	1997/8/30	27	10226	一般销售	30
孙鹤岗	孙	鹤岗	销售三部	2004/9/2	20	87731	顶级销售	9
钱多多	钱	多多	销售三部	2010/8/30	22	26832	一般销售	24
赵本溪	赵	本溪	销售二部	2010/8/30	14	87842	顶级销售	8
石碌	石	碌	销售二部	2001/8/30	23	94709	顶级销售	2
马鞍山	马	鞍山	销售一部	2016/8/30	8	33334	一般销售	23
陈梓辉	陈	梓辉	销售一部	2007/9/30	17	89307	顶级销售	6
白云博	白	云博	销售一部	2001/8/30	23	21921	一般销售	27
潘枝花	潘	枝花	销售二部	2008/9/30	16	74291	中级销售	12
牛胜利	牛	胜利	销售一部	2019/9/30	5	83263	顶级销售	11
秦军	秦	军	销售一部	2014/9/30	10	22869	一般销售	25
李东川	李	东川	销售一部	2013/9/30	11	22740	一般销售	26
平顶山	平	顶山	销售一部	2019/9/1	5	53569	中级销售	18

图 1-3-72　排序最终效果

5.使用"SUM"函数计算总销售额

销售业绩表中有很多数据,这些数据经过计算后才能知道该公司的总体销售情况。

①选中 M10 单元格,如图 1-3-73 所示。单击"公式"选项卡,单击"求和"按钮,单击 fx 按钮,如图 1-3-74 所示。

提示:选中 M10 单元格时不要双击,单击即可。

姓名	姓	名	销售部门	入职时间	工龄	销售业绩	销售等级	销售业绩排序
祝婧	祝	婧	销售一部	2001/9/4	23	44371	中级销售	20
唐顺	唐	顺	销售一部	2005/8/1	19	88574	顶级销售	7
王大庆	王	大庆	销售二部	1997/9/30	27	67467	中级销售	15
牛迁安	牛	迁安	销售二部	2010/9/4	14	93955	顶级销售	3
李政民	李	政民	销售二部	2007/8/30	17	92970	顶级销售	4
杨大同	杨	大同	销售三部	2009/8/1	15	55058	中级销售	17
夏峰玉	夏	峰玉	销售一部	2004/8/7	20	49459	中级销售	19
赵燕燕	赵	燕燕	销售一部	2011/9/30	13	37200	一般销售	22
钱德兴	钱	德兴	销售一部	2000/8/30	24	18316	一般销售	28
李宇哲	李	宇哲	销售三部	2009/9/25	15	40232	中级销售	21
柳盘水	柳	盘水	销售三部	1995/9/20	29	10630	一般销售	29
诸神府	诸	神府	销售三部	2007/9/2	17	86591	顶级销售	10
孙月	孙	月	销售一部	2001/8/30	23	68869	中级销售	13
李鞍	李	鞍	销售三部	2015/9/25	9	92580	顶级销售	5
乌玛依	乌	玛依	销售三部	2017/9/24	7	61504	中级销售	16
黑西西	黑	西西	销售三部	2002/8/30	22	67711	中级销售	14
孟凡帆	孟	凡帆	销售三部	1998/8/30	26	99855	顶级销售	1
牛安安	牛	安安	销售三部	1997/8/30	27	10226	一般销售	30
孙鹤岗	孙	鹤岗	销售三部	2004/9/2	20	87731	顶级销售	9
钱多多	钱	多多	销售三部	2002/9/30	22	26832	一般销售	24
赵本溪	赵	本溪	销售三部	2010/8/30	14	87842	顶级销售	8
石碌	石	碌	销售三部	2001/8/30	23	94709	顶级销售	2
马鞍山	马	鞍山	销售二部	2016/8/30	8	33334	一般销售	23
陈梓辉	陈	梓辉	销售二部	2007/9/30	17	89307	顶级销售	6
白云博	白	云博	销售二部	2001/8/30	23	21921	一般销售	27
潘枝花	潘	枝花	销售二部	2008/9/30	16	74291	顶级销售	12
牛胜利	牛	胜利	销售二部	2019/9/30	5	83263	顶级销售	11
秦军	秦	军	销售一部	2014/9/30	10	22869	一般销售	25
李东川	李	东川	销售一部	2013/9/30	11	22740	一般销售	26
平顶山	平	顶山	销售一部	2019/9/1	5	53569	中级销售	18

图 1-3-73 选中 M10 单元格

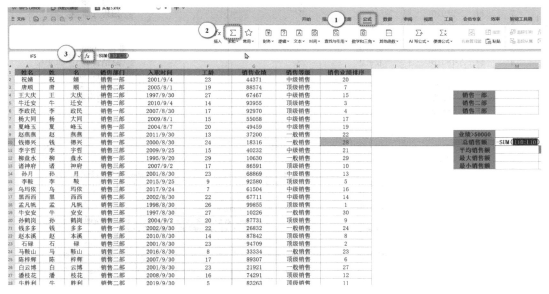

图 1-3-74 调出求和公式

②弹出"函数参数"对话框,如图 1-3-75 所示。

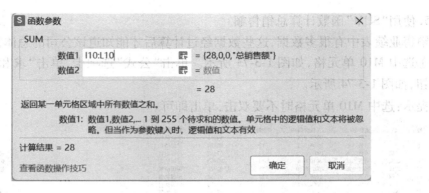

图 1-3-75　SUM 函数参数

③在 SUM 的"函数参数"对话框中,有"数值 1""数值 2"两个参数,其本质只有一个参数,将 I10:L10 全部删除,单击 G2,拖拽鼠标选择 G2:G31 单元格区域,单击"确定"按钮即可,如图 1-3-76 所示,最终效果如图 1-3-77 所示。

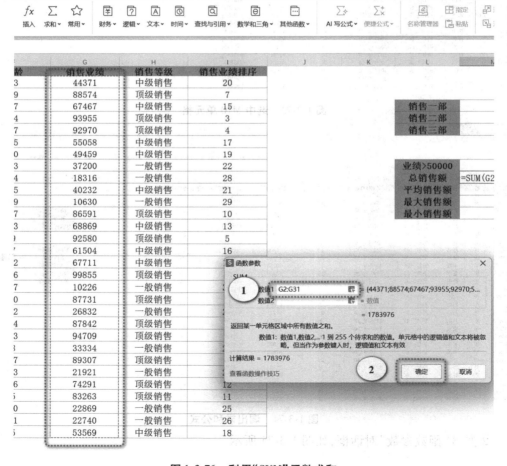

图 1-3-76　利用"SUM"函数求和

P38			Q	fx										
	A	B	C	D	E	F	G	H	I	J	K	L	M	N
1	姓名	姓	名	销售部门	入职时间	工龄	销售业绩	销售等级	销售业绩排序					
2	祝婧	祝	婧	销售一部	2001/9/4	23	44371	中级销售	20					
3	唐顺	唐	顺	销售二部	2005/8/1	19	88574	顶级销售	7					
4	王大庆	王	大庆	销售二部	1997/9/30	27	67467	中级销售	15			销售一部		
5	牛迁安	牛	迁安	销售二部	2010/9/4	14	93955	顶级销售	3			销售二部		
6	李政民	李	政民	销售一部	2007/8/30	17	92970	顶级销售	4			销售三部		
7	杨大同	杨	大同	销售一部	2009/8/1	15	55058	中级销售	17					
8	夏峰玉	夏	峰玉	销售一部	2004/8/7	20	49459	中级销售	19					
9	赵燕燕	赵	燕燕	销售一部	2011/9/30	13	37200	一般销售	22			业绩>50000		
10	钱德兴	钱	德兴	销售一部	2000/8/30	24	18316	一般销售	28			总销售额	1783976	
11	李宇哲	李	宇哲	销售二部	2009/9/25	15	40232	一般销售	21			平均销售额		
12	柳盘水	柳	盘水	销售一部	1995/9/20	29	10630	一般销售	29			最大销售额		
13	诸神府	诸	神府	销售三部	2007/9/2	17	86591	顶级销售	10			最小销售额		
14	孙月	孙	月	销售一部	2001/8/30	23	68869	中级销售	13					
15	李鞍	李	鞍	销售三部	2015/9/25	9	92580	顶级销售	5					
16	乌玛依	乌	玛依	销售二部	2017/9/24	7	61504	中级销售	16					
17	黑西西	黑	西西	销售二部	2002/8/30	22	67711	中级销售	14					
18	孟凡帆	孟	凡帆	销售三部	1998/8/30	26	99855	顶级销售	1					
19	牛安安	牛	安安	销售三部	1997/8/30	27	10226	一般销售	30					
20	孙鹤岗	孙	鹤岗	销售三部	2004/9/2	20	87731	顶级销售	9					
21	钱多多	钱	多多	销售三部	2002/9/30	22	26832	一般销售	24					
22	赵本溪	赵	本溪	销售三部	2010/8/30	14	87842	顶级销售	8					
23	石碌	石	碌	销售二部	2001/8/30	23	94709	顶级销售	2					
24	马鞍山	马	鞍山	销售二部	2016/8/30	8	33334	一般销售	23					
25	陈梓辉	陈	梓辉	销售二部	2007/8/30	17	89307	顶级销售	6					
26	白云博	白	云博	销售二部	2001/8/30	23	21921	一般销售	27					
27	潘枝花	潘	枝花	销售二部	2008/8/30	16	74291	顶级销售	12					
28	牛胜利	牛	胜利	销售二部	2019/9/30	5	83263	顶级销售	11					
29	秦军	秦	军	销售一部	2014/9/30	10	22869	一般销售	25					
30	李东川	李	东川	销售二部	2013/9/30	11	22740	一般销售	26					
31	平顶山	平	顶山	销售一部	2019/9/1	5	53569	中级销售	18					
32														

图 1-3-77 求和效果

6. 使用"AVERAGE"函数计算平均销售额

计算销售业绩的平均值是比较常用的操作。

①选中 M11 单元格,如图 1-3-78 所示。单击"公式"选项卡下的"求和"按钮,选择"平均值",单击 fx 按钮,如图 1-3-79 所示。

提示:选中 M11 单元格时不要双击,单击即可,不要单击求和符号,要单击"求和"两个字。

	P38				fx									
	A	B	C	D	E	F	G	H	I	J	K	L	M	N
1	姓名	姓	名	销售部门	入职时间	工龄	销售业绩	销售等级	销售业绩排序					
	祝婧	祝	婧	销售一部	2001/9/4	23	44371	中级销售	20					
	唐顺	唐	顺	销售二部	2005/8/1	19	88574	顶级销售	7					
	王大庆	王	大庆	销售二部	1997/9/30	27	67467	中级销售	15			销售一部		
	牛迁安	牛	迁安	销售二部	2010/9/4	14	93955	顶级销售	3			销售二部		
	李政民	李	政民	销售一部	2007/8/30	17	92970	顶级销售	4			销售三部		
	杨大同	杨	大同	销售一部	2009/8/1	15	55058	中级销售	17					
	夏峰玉	夏	峰玉	销售一部	2004/8/7	20	49459	中级销售	19					
	赵燕燕	赵	燕燕	销售一部	2011/9/30	13	37200	一般销售	22			业绩>50000		
	钱德兴	钱	德兴	销售一部	2000/8/30	24	18316	一般销售	28			总销售额	1783976	
	李宇哲	李	宇哲	销售二部	2009/9/25	15	40232	一般销售	21			平均销售额		
	柳盘水	柳	盘水	销售一部	1995/9/20	29	10630	一般销售	29			最大销售额		
	诸神府	诸	神府	销售三部	2007/9/2	17	86591	顶级销售	10			最小销售额		
	孙月	孙	月	销售一部	2001/8/30	23	68869	中级销售	13					
	李鞍	李	鞍	销售三部	2015/9/25	9	92580	顶级销售	5					
	乌玛依	乌	玛依	销售二部	2017/9/24	7	61504	中级销售	16					
	黑西西	黑	西西	销售二部	2002/8/30	22	67711	中级销售	14					
	孟凡帆	孟	凡帆	销售三部	1998/8/30	26	99855	顶级销售	1					
	牛安安	牛	安安	销售三部	1997/8/30	27	10226	一般销售	30					
	孙鹤岗	孙	鹤岗	销售三部	2004/9/2	20	87731	顶级销售	9					
	钱多多	钱	多多	销售三部	2002/9/30	22	26832	一般销售	24					
	赵本溪	赵	本溪	销售三部	2010/8/30	14	87842	顶级销售	8					
	石碌	石	碌	销售二部	2001/8/30	23	94709	顶级销售	2					
	马鞍山	马	鞍山	销售二部	2016/8/30	8	33334	一般销售	23					
	陈梓辉	陈	梓辉	销售二部	2007/8/30	17	89307	顶级销售	6					
	白云博	白	云博	销售二部	2001/8/30	23	21921	一般销售	27					
	潘枝花	潘	枝花	销售二部	2008/8/30	16	74291	顶级销售	12					
	牛胜利	牛	胜利	销售二部	2019/9/30	5	83263	顶级销售	11					
	秦军	秦	军	销售一部	2014/9/30	10	22869	一般销售	25					
	李东川	李	东川	销售二部	2013/9/30	11	22740	一般销售	26					
	平顶山	平	顶山	销售一部	2019/9/1	5	53569	中级销售	18					

图 1-3-78 选中 M11 单元格

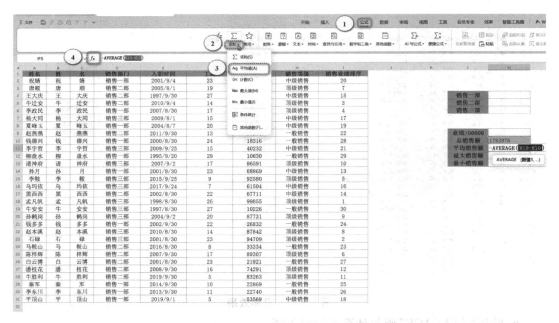

图 1-3-79　调出平均值公式

②弹出 AVERAGE 的"函数参数"对话框,如图 1-3-80 所示。

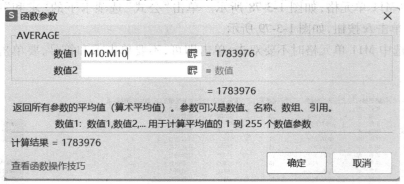

图 1-3-80　AVERAGE 函数参数

③将"数值 1"文本框中的"M10:M10"全部删除,单击 G2,拖拽鼠标选择 G2:G31 单元格区域,单击"确定"按钮即可,如图 1-3-81 所示,最终效果如图 1-3-82 所示。

7. 使用"MAX"和"MIN"函数计算最大销售额和最小销售额

"MAX"函数和"MIN"函数分别用于计算一组数据中的最大值和最小值,销售业绩表中可以通过这两个函数查看最大值和最小值,从而得出一个比较公正的对比。

①选中 M12 单元格,如图 1-3-83 所示。单击"公式"选项卡下的"求和"按钮,选择"最大值",单击 fx 按钮,如图 1-3-84 所示。

②弹出 MAX 的"函数参数"对话框,如图 1-3-85 所示。

③将"数值 1"文本框中的"M10:M11"全部删除,单击 G2,拖拽鼠标选择 G2:G31 单

元格区域,单击"确定"按钮即可,如图 1-3-86 所示,最终效果如图 1-3-87 所示。

G	H	I	J	K
销售业绩	销售等级	销售业绩排序		
44371	中级销售	20		
88574	顶级销售	7		
67467	中级销售	15		
93955	顶级销售	3		
92970	顶级销售	4		
55058	中级销售	17		
49459	中级销售	19		
37200	一般销售	22		
18316	一般销售	28		
40232	中级销售	21		
10630	一般销售	29		
86591	顶级销售	10		
68869	中级销售	13		
92580	顶级销售	5		
61504	中级销售	16		
67711	中级销售	14		
99855	顶级销售	1		
10226				
87731				
26832				
87842				
94709				
33334				
89307				
21921				
74291				
83263	顶级销售	11		
22869	一般销售	25		
22740	一般销售	26		
53569	中级销售	18		

函数参数对话框:

AVERAGE

数值1 G2:G31 = 88574;67467;93955;92970;5...
数值2 =

= 59465.87

返回所有参数的平均值(算术平均值)。参数可以是数值、名称、数组、引用。

数值1:数值1,数值2,... 用于计算平均值的 1 到 255 个数值参数

计算结果 = 59465.87

查看函数操作技巧   确定   取消

图 1-3-81   利用"AVERAGE"函数求平均值

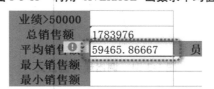

业绩>50000	
总销售额	1783976
平均销售额	59465.86667
最大销售额	
最小销售额	

图 1-3-82   平均值效果

④按照同样的方法,调用"MIN"函数计算最小销售额。

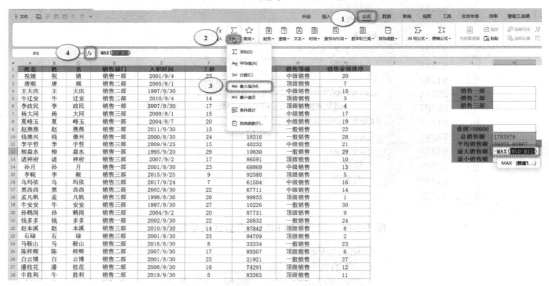

图 1-3-83　选中 M12 单元格

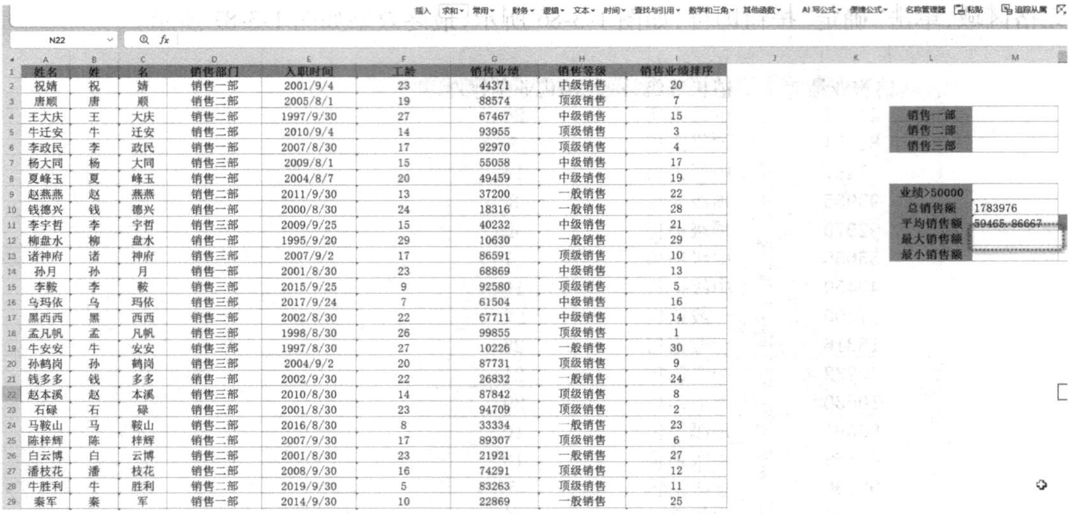

图 1-3-84　调出最大值公式

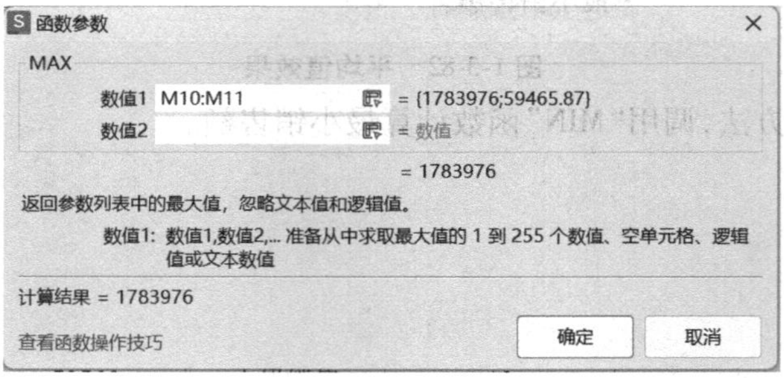

图 1-3-85　MAX 函数参数

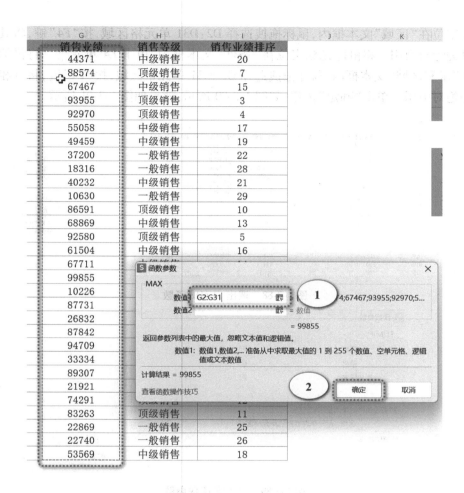

图 1-3-86 利用"MAX"函数求最大值

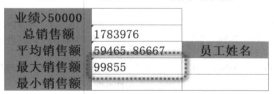

图 1-3-87 最大值效果

8.使用"SUMIF"或"SUMIFS"函数计算销售部门业绩

"SUMIF"函数为有条件求和函数,"SUMIFS"函数为多条件求和函数。在销售业绩表中可以利用这两个函数查看各个部门销售业绩的总和,从而判断该部门的工作业绩。

①在 M4 单元格内输入"=SUMIF",双击下方的公式,单击 fx 按钮,如图 1-3-88 所示,弹出 SUMIF 的"函数参数"对话框,如图 1-3-89 所示。

②SUMIF 有 3 个参数:"区域""条件""求和区域"。"区域"是指用于条件判断的单元格;"条件"是指需要判断的条件;"求和区域"是指用于求和计算的实际单元格。将鼠

标光标定位在"区域"文本框内,鼠标拖拽选择 D2:D31 单元格区域,按"F4"键,将其相对引用改为绝对引用。将鼠标光标定位在"条件"文本框内,单击 L4 单元格。将鼠标光标定位在"求和区域"文本框内,鼠标拖拽选择 G2:G31 单元格区域,按"F4"键,将其相对引用改为绝对引用。单击"确定"按钮,如图 1-3-90 所示,效果如图 1-3-91 所示。

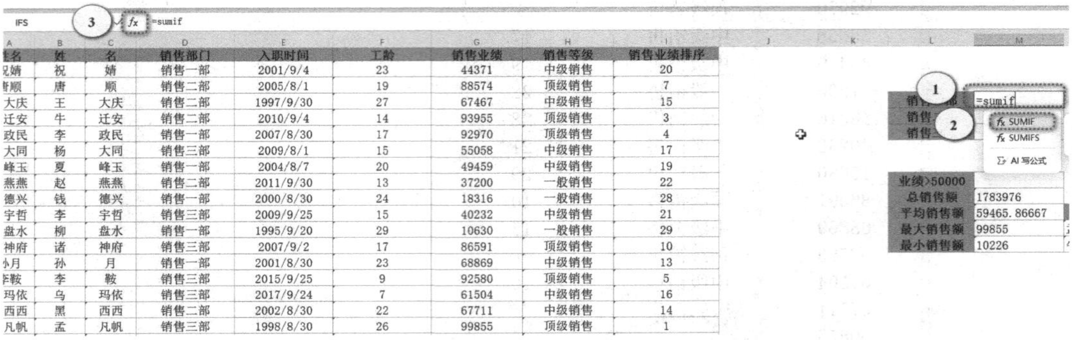

图 1-3-88　调出 SUMIF 函数

图 1-3-89　SUMIF 函数参数

图 1-3-90　SUMIF 函数参数设置

③将鼠标光标移动到 M4 单元格右下方出现黑色十字形状后双击,如图 1-3-92 所示,"销售二部"和"销售三部"的销售业绩将自动填充,最终效果如图 1-3-93 所示。

同理,使用"SUMIFS"函数也可以将各部门的销售额进行统计,其具体操作与"SUMIF"函数雷同,在此就不再赘述了。

9. 使用"COUNTIF"或"COUNTIFS"函数统计业绩大于 50 000 的人数

"COUNTIF"函数用于计算区域中满足给定条件的单元格的个数,"COUNTIF"函数用于计算多个区域中满足给定条件的单元格的个数。销售业绩表中可以通过这两个函数统计销售业绩大于 50 000 的人。

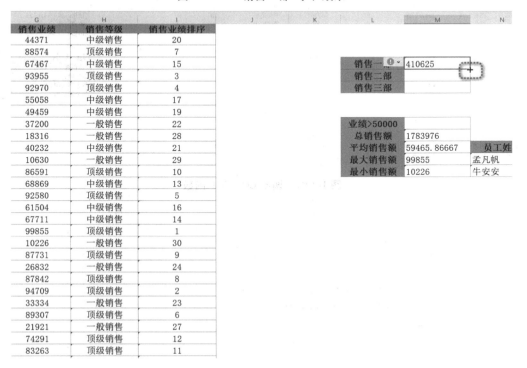

图 1-3-91 "销售一部"求和效果

销售业绩	销售等级	销售业绩排序
44371	中级销售	20
88574	顶级销售	7
67467	中级销售	15
93955	顶级销售	3
92970	顶级销售	4
55058	中级销售	17
49459	中级销售	19
37200	一般销售	22
18316	一般销售	28
40232	中级销售	21
10630	一般销售	29
86591	顶级销售	10
68869	中级销售	13
92580	顶级销售	5
61504	中级销售	16
67711	中级销售	14
99855	顶级销售	1
10226	一般销售	30
87731	顶级销售	9
26832	一般销售	24
87842	顶级销售	8
94709	顶级销售	2
33334	一般销售	23
89307	顶级销售	6
21921	一般销售	27
74291	顶级销售	12
83263	顶级销售	11

图 1-3-92 鼠标变为黑色十字形状

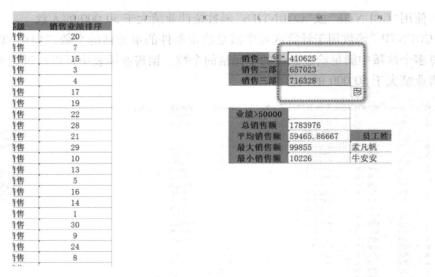

图 1-3-93　各部门的销售业绩

①在 M9 单元格内输入"＝COUNTIF"，双击下方的公式，单击 fx 按钮，如图 1-3-94 所示，弹出 COUNTIF 的"函数参数"对话框，如图 1-3-95 所示。

图 1-3-94　调出 COUNTIF 函数

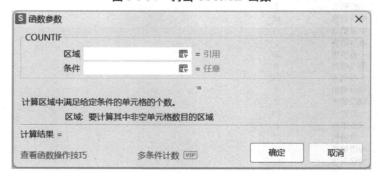

图 1-3-95　COUNTIF 函数参数

②将鼠标光标定位在"区域"文本框内,鼠标拖拽选择 G2:G31 单元格区域。将鼠标光标定位在"条件"文本框内,输入">50 000",如图 1-3-96 所示。单击"确定"按钮,效果如图 1-3-97 所示。

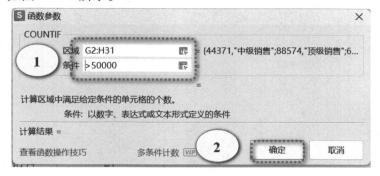

图 1-3-96　COUNTIF 函数参数设置　　　　　图 1-3-97　统计效果

同理,使用"COUNTIFS"函数也可以进行同样的统计,其具体操作与"COUNTIFS"函数雷同,在此就不再赘述了。

提示:"COUNTIF"与"COUNTIFS"这两个函数的区别在于,一个只能对单个条件进行统计,另一个可以对多个条件进行统计。

实训四　统计分析销售业绩表

（一）实训目的

1. 掌握排序的方法;
2. 掌握筛选数据的方法;
3. 掌握分类汇总数据的方法;
4. 掌握创建并编辑数据透视表的方法;
5. 掌握创建数据透视图的方法;
6. 掌握创建和编辑图表的方法。

（二）实训内容

1. 排序销售业绩表

使用 WPS 表格的数据排序功能可以对数据进行排序,这样有助于快速且直观地显示、组织和查找所需数据。

①打开"销售业绩表"工作簿,选中所有单元格,单击"开始"选项卡下的"排序"按钮,如图 1-3-98 所示。

②在下拉列表中选择"自定义排序"选项,如图 1-3-99 所示,弹出"排序"对话框,其中包含"添加条件""删除条件""复制条件""选项"和"数据包含标题"等选项,如图 1-3-100所示。

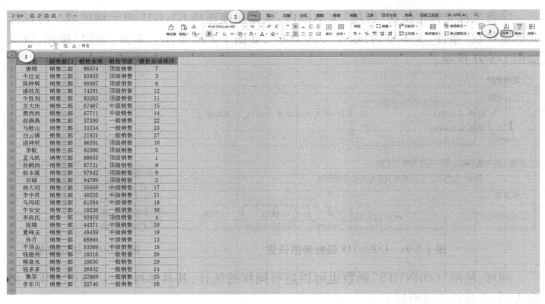

图 1-3-98 选中单元格

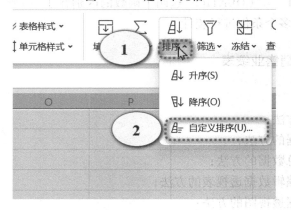

图 1-3-99 自定义排序

提示：如果出现如图 1-3-101 所示情况，说明"数据包含标题"选项未勾选。

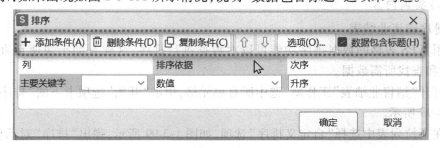

图 1-3-100 "排序"对话框

图 1-3-101 排序出现 A 列的情况

③"主要关键字"选择"销售部门",次序选择"升序"。单击"添加条件"按钮,次要关键词选择"销售等级",销售等级分为"顶级销售""中级销售""一般销售",需按此 3 项内容排序,在"次序"下拉列表中选择"自定义序列"选项,如图 1-3-102 所示。弹出"自定义序列"对话框,在"输入序列"中输入"顶级销售,中级销售,一般销售",内容可以用英文逗号隔开,或者换行,如图 1-3-103 所示。单击"确定"按钮,再次单击"确定"按钮完成排序,可以看到先按销售部门,再按销售等级排序,如图 1-3-104 所示。

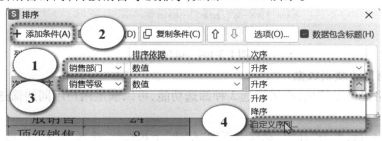

图 1-3-102 排序内容

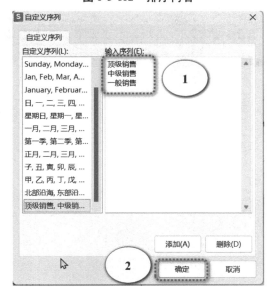

图 1-3-103 自定义序列

	A	B	C	D	E	F
1	姓名	销售部门	销售业绩	销售等级	销售业绩排序	
2	唐顺	销售二部	88574	顶级销售	7	
3	牛迁安	销售二部	93955	顶级销售	3	
4	陈梓辉	销售二部	89307	顶级销售	6	
5	潘枝花	销售二部	74291	顶级销售	12	
6	牛胜利	销售二部	83263	顶级销售	11	
7	王大庆	销售二部	67467	中级销售	15	
8	黑西西	销售二部	67711	中级销售	14	
9	赵燕燕	销售二部	37200	一般销售	22	
10	马鞍山	销售二部	33334	一般销售	23	
11	白云博	销售二部	21921	一般销售	27	
12	诸神府	销售三部	86591	顶级销售	10	
13	李鞍	销售三部	92580	顶级销售	5	
14	孟凡帆	销售三部	99855	顶级销售	1	
15	孙鹤岗	销售三部	87731	顶级销售	9	
16	赵本溪	销售三部	87842	顶级销售	8	
17	石碌	销售三部	94709	顶级销售	2	
18	杨大同	销售三部	55058	中级销售	17	
19	李宇哲	销售三部	40232	中级销售	21	
20	乌玛依	销售三部	61504	中级销售	16	
21	牛安安	销售三部	10226	一般销售	30	
22	李政民	销售一部	92970	顶级销售	4	
23	祝婧	销售一部	44371	中级销售	20	
24	夏峰玉	销售一部	49459	中级销售	19	
25	孙月	销售一部	68869	中级销售	13	
26	平顶山	销售一部	53569	中级销售	18	
27	钱德兴	销售一部	18316	一般销售	28	
28	柳盘水	销售一部	10630	一般销售	29	
29	钱多多	销售一部	26832	一般销售	24	
30	秦军	销售一部	22869	一般销售	25	
31	李东川	销售一部	22740	一般销售	26	
32						
33						

图 1-3-104　排序完成

2. 筛选销售业绩表数据

WPS 表格提供了筛选、高级筛选 2 种筛选功能，可以满足用户不同的筛选需求。

（1）筛选

①选中第一行，单击"开始"选项卡下的"筛选"下拉按钮，选择"筛选"选项，如图 1-3-105 和图 1-3-106 所示。

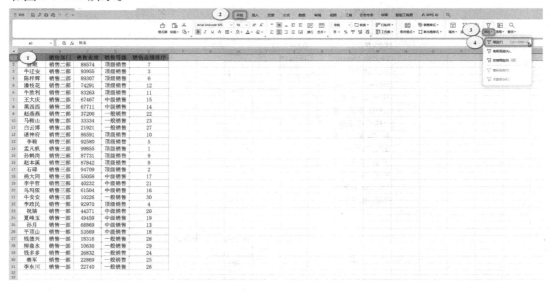

图 1-3-105　"筛选"选项

姓名	销售部门	销售业绩	销售等级	销售业绩排序
唐顺	销售二部	88574	顶级销售	7
牛迁安	销售二部	93955	顶级销售	3
陈梓辉	销售二部	89307	顶级销售	6
潘枝花	销售二部	74291	顶级销售	12
牛胜利	销售二部	83263	顶级销售	11
王大庆	销售二部	67467	中级销售	15
黑西西	销售二部	67711	中级销售	14
赵燕燕	销售二部	37200	一般销售	22

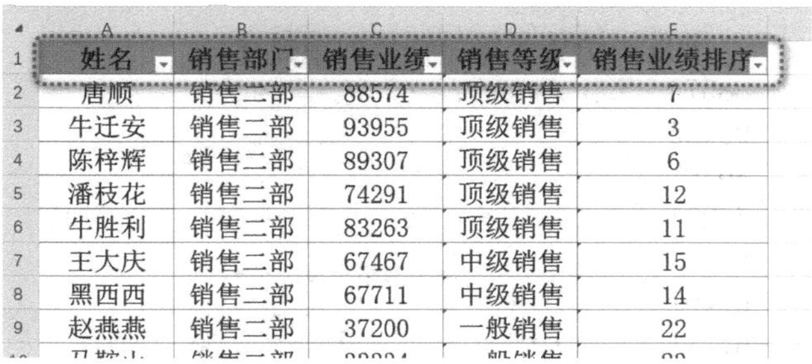

图 1-3-106　选择“筛选”选项后的效果

提示:选中第一行后,也可按“Ctrl+Shift+L”组合键。

②单击“销售部门”按钮,在打开的下拉列表中取消选中“销售三部”“销售一部”复选框,仅选中“销售二部”复选框,如图 1-3-107 所示。单击“确定”按钮,效果如图 1-3-108 所示。

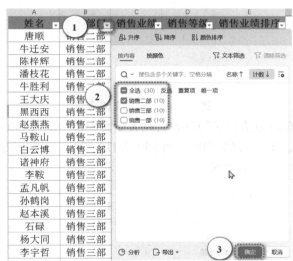

图 1-3-107　选中“销售二部”复选框

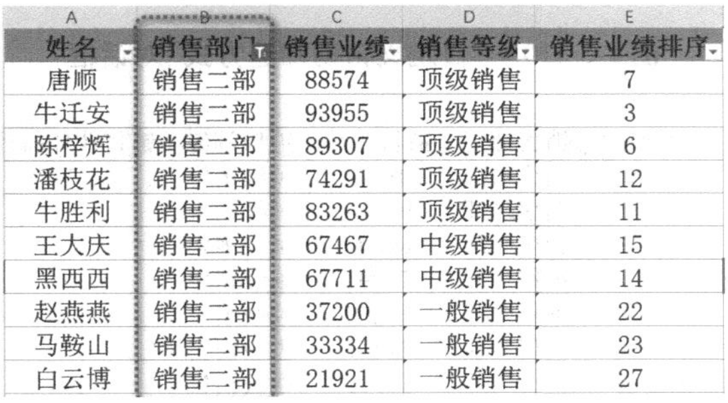

姓名	销售部门	销售业绩	销售等级	销售业绩排序
唐顺	销售二部	88574	顶级销售	7
牛迁安	销售二部	93955	顶级销售	3
陈梓辉	销售二部	89307	顶级销售	6
潘枝花	销售二部	74291	顶级销售	12
牛胜利	销售二部	83263	顶级销售	11
王大庆	销售二部	67467	中级销售	15
黑西西	销售二部	67711	中级销售	14
赵燕燕	销售二部	37200	一般销售	22
马鞍山	销售二部	33334	一般销售	23
白云博	销售二部	21921	一般销售	27

图 1-3-108　自定义筛选结果

③单击“销售业绩”按钮,在打开的下拉列表中单击“数字筛选”,选择“大于”选项,如图 1-3-109 所示。

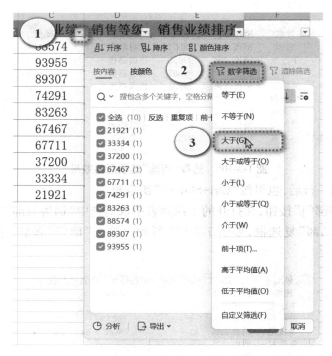

图 1-3-109　自定义筛选

④打开"自定义自动筛选方式"对话框，在大于文本框中输入"50 000"，即筛选出销售业绩大于 50 000 的人，单击"确定"按钮，如图 1-3-110 所示。最终效果如图 1-3-111 所示。

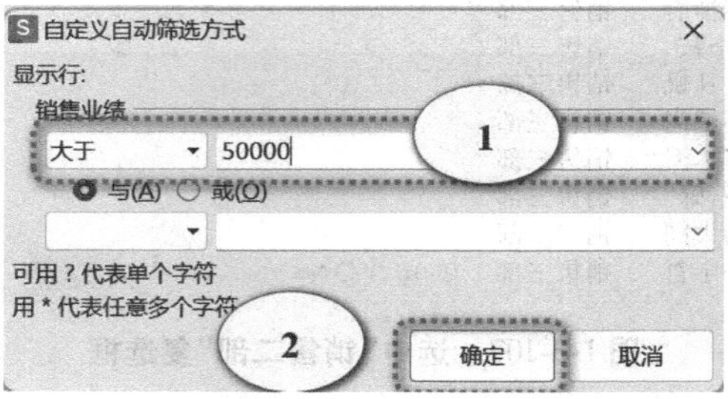

图 1-3-110　"自定义自动筛选方式"对话框

	姓名	销售部门	销售业绩	销售等级	销售业绩排序
2	唐顺	销售二部	88574	顶级销售	7
3	牛迁安	销售二部	93955	顶级销售	3
4	陈梓辉	销售二部	89307	顶级销售	6
5	潘枝花	销售二部	74291	顶级销售	12
6	牛胜利	销售二部	83263	顶级销售	11
7	王大庆	销售二部	67467	中级销售	15
8	黑西西	销售二部	67711	中级销售	14

图 1-3-111　自定义筛选结果

（2）高级筛选

通过高级筛选功能，用户可以自定义筛选条件，并在不影响当前工作表的情况下显示筛选结果。在销售业绩表中筛选出"销售二部"中销售业绩大于 50 000 的数据。

①打开"销售业绩表"工作簿，在 H4 和 I4 单元格中分别输入"销售部门"和"销售业绩"，在 H5 单元格中输入"销售二部"，在 I5 单元格中输入"＞50 000"，如图 1-3-112 所示。

姓名	销售部门	销售业绩	销售等级	销售业绩排序
唐顺	销售二部	88574	顶级销售	7
牛迁安	销售二部	93955	顶级销售	3
陈梓辉	销售二部	89307	顶级销售	6
潘枝花	销售二部	74291	顶级销售	12
牛胜利	销售二部	83263	顶级销售	11
王大庆	销售二部	67467	中级销售	15
黑西西	销售二部	67711	中级销售	14
赵燕燕	销售二部	37200	一般销售	22
马鞍山	销售二部	33334	一般销售	23
白云博	销售二部	21921	一般销售	27
诸神府	销售三部	86591	顶级销售	10
李鞍	销售三部	92580	顶级销售	5
孟凡帆	销售三部	99855	顶级销售	1
孙鹤岗	销售三部	87731	顶级销售	9
赵本溪	销售三部	87842	顶级销售	8
石碌	销售三部	94709	顶级销售	2
杨大同	销售三部	55058	中级销售	17
李宇哲	销售三部	40232	中级销售	21
乌玛依	销售三部	61504	中级销售	16
牛安安	销售三部	10226	一般销售	30
李政民	销售一部	92970	顶级销售	4
祝婧	销售一部	44371	中级销售	20
夏峰玉	销售一部	49459	中级销售	19
孙月	销售一部	68869	中级销售	13
平顶山	销售一部	53569	中级销售	18
钱德兴	销售一部	18316	一般销售	28
柳盘水	销售一部	10630	一般销售	29
钱多多	销售一部	26832	一般销售	24
秦军	销售一部	22869	一般销售	25
李东川	销售一部	22740	一般销售	26

条件区域：
销售部门	销售业绩
销售二部	＞50000

图 1-3-112　高级筛选条件

提示：建议不要手动输入，直接复制粘贴"销售部门""销售业绩""销售二部"等内容，因为手动输入容易出现偏差，导致匹配出问题，无法筛选。

②单击"开始"选项卡下的"筛选"下拉按钮，选择"高级筛选"选项，如图 1-3-113 所示，打开"高级筛选"对话框，如图 1-3-114 所示。

③选择"将筛选结果复制到其他位置"选项，"列表区域"文本框中选择 A1：E31 单元格区域，"条件区域"文本框中选择 H4：I5 单元格区域，"复制到"文本框中选择 K4 单元格，单击"确定"按钮，最终效果如图 1-3-115 所示。

提示：选择"列表区域"时，一定要与"条件区域"的第一行匹配。

3. 对数据进行分类汇总

使用 WPS 表格的分类汇总功能可对表格中的同一类数据进行统计，使工作表中的数据变得更加清晰、直观。下面将在"销售业绩表"工作簿中对不同销售部门、不同销售等级进行分类汇总。

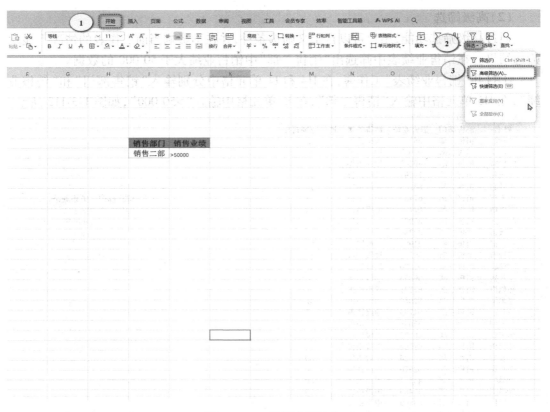

图 1-3-113　选择高级筛选

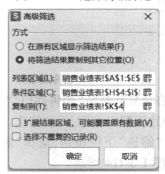

图 1-3-114　"高级筛选"对话框

①打开"销售业绩表"工作簿，因为已经进行过排序，所以可以直接进行分类汇总。选中所有数据，单击"数据"选项卡下的"分类汇总"按钮，打开"分类汇总"对话框，如图1-3-116 和图 1-3-117 所示。

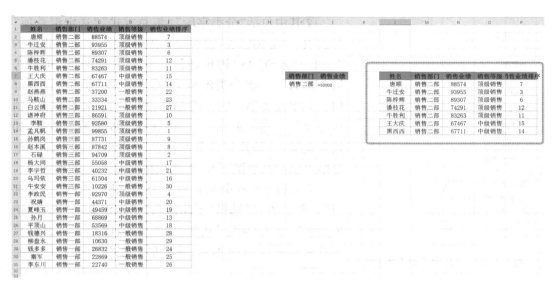

图 1-3-115 高级筛选呈现效果图

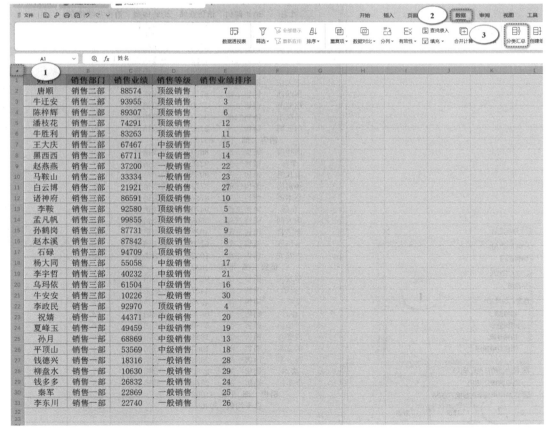

图 1-3-116 选择分类汇总

图 1-3-117 "分类汇总"对话框

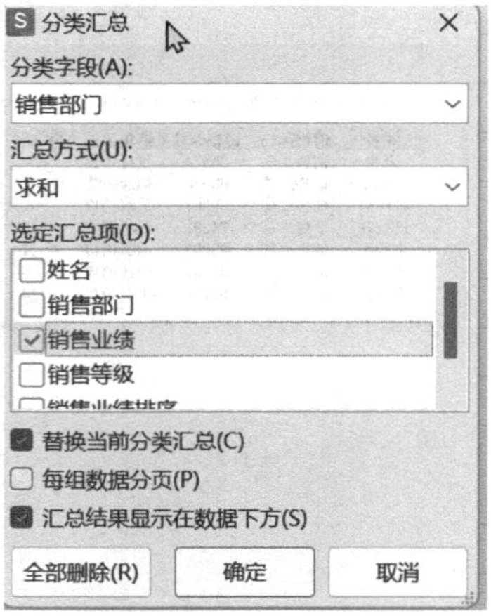

②其中包括"分类字段""汇总方式""选定汇总项"等选项。"分类字段"需要配合排序操作，如之前排序的"主要关键词"是"销售部门"，次要关键词是"销售等级"，那么第一次分类汇总中"分类字段"就是"销售部门"，如果需要第二次分类汇总，则"分类字段"就是"销售等级"。"选定汇总项"一般选择需要查看的数据，如销售业绩。"替换当前分类汇总""每组数据分页""汇总结果显示在数据下方"等选项按照需要选择即可。

③进行第一次分类汇总，"分类字段"选择"销售部门"，"汇总方式"选择"平均值"，"选定汇总项"选择"销售业绩"，单击"确定"按钮，如图 1-3-118 所示。最终显示效果如图 1-3-119 所示，单击左上角的"2"可以收缩显示内容。

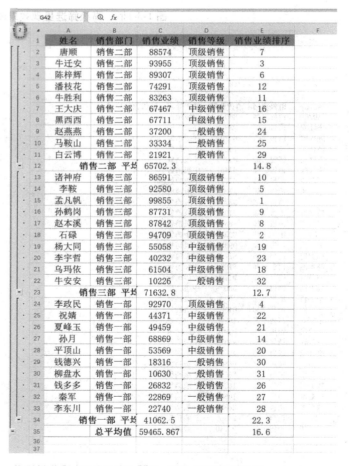

图 1-3-118 第一次分类汇总

图 1-3-119 第一次分类汇总的效果

④继续选中所有数据,单击"数据"选项卡下的"分类汇总"按钮,打开"分类汇总"对话框。

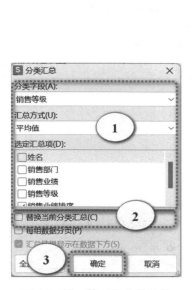

图 1-3-120　第二次分类汇总

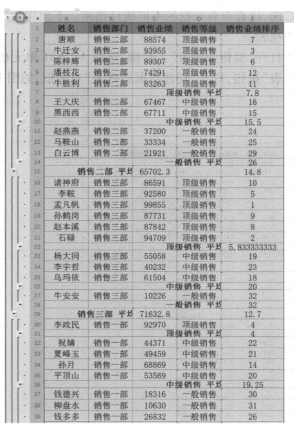

图 1-3-121　第二次分类汇总的效果

⑤进行第二次分类汇总,"分类字段"为排序的"次要关键词"——"销售等级","汇总方式"选择"平均值","选定汇总项"选择"销售业绩"。这时,如果需要第一次分类汇总的结果,那么需要勾选"替换当前分类汇总"选项,单击"确定"按钮,如图 1-3-120 所示。显示效果如图 1-3-121 和图 1-3-122 所示,单击左上角的"3"可以收缩显示内容。

	姓名	销售部门	销售业绩	销售等级	销售业绩排序
7			85878	级销售 平均值	
10			67589	级销售 平均值	
14			30818.333	级销售 平均值	
15		销售二部 平均	65702.3		
22			91551.333	级销售 平均值	
26			52264.667	级销售 平均值	
28			10226	级销售 平均值	
29		销售三部 平均	71632.8		
31			92970	级销售 平均值	
36			54067	级销售 平均值	
42			20277.4	级销售 平均值	
43		销售一部 平均	41062.5		
44		总平均值	59465.867		

图 1-3-122　分类汇总最终效果

4.创建并编辑数据透视表

数据透视表是一种交互式数据报表，它可以快速汇总大量的数据，还可以对汇总结果进行筛选，以查看源数据的不同统计结果。下面将为"销售业绩表"工作簿中的数据创建数据透视表。

①打开"销售业绩表"工作簿，选择 A1：E31 单元格区域，单击"插入"选项卡下的"数据透视表"按钮，打开"创建数据透视表"对话框，如图 1-3-123 所示。

图 1-3-123　单击"数据透视表"按钮

图 1-3-124　"创建数据透视表"
对话框

②由于已经选定了数据区域，因此只需要设置放置数据透视表的位置即可。选中"现有工作表"选项，鼠标光标定位在下方文本框中，单击当前工作表的任意空白位置，再单击"确定"按钮，如图 1-3-124 所示。此时，在界面左侧显示一个空白的数据透视表，右侧显示"数据透视表"窗格。

③在"数据透视表"窗格中依次将"姓名""销售部门""销售业绩""销售等级""销售业绩排序"选中，如图 1-3-125 所示。

④在"数据透视表"窗格中可以看到"姓名"，将"姓名"拖拽至"筛选器"中，使用同样的方法将"销售部门"拖拽至"列"中，如图 1-3-126 所示。

⑤在"数据透视表"窗格中可以看到"求和项：销售业绩排序"，单击 ∨ 按钮，选择"值字段设置"选项，如图 1-3-127 所示，弹出"值字段设置"对话框。

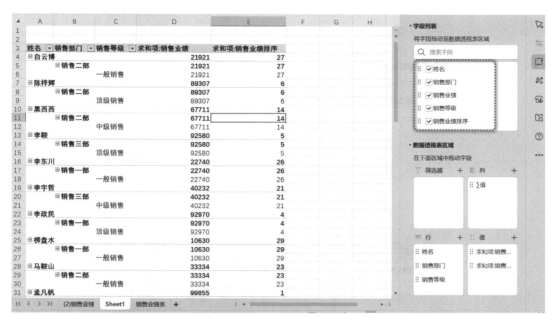

图 1-3-125 "数据透视表字段"窗格

图 1-3-126 调整数据透视表的行与列

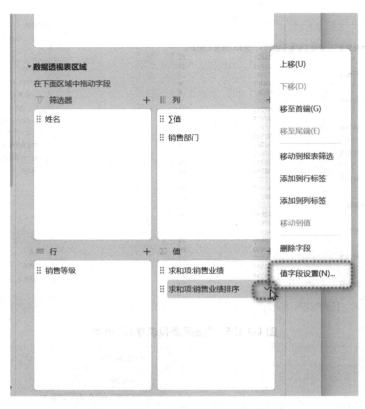

图 1-3-127　选择"值字段设置"选项

⑥在"值字段设置"对话框中，选择"平均值"，单击"确定"按钮，如图 1-3-128 所示。最终效果如图 1-3-129 所示。

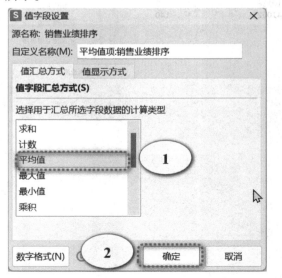

图 1-3-128　"值字段设置"对话框

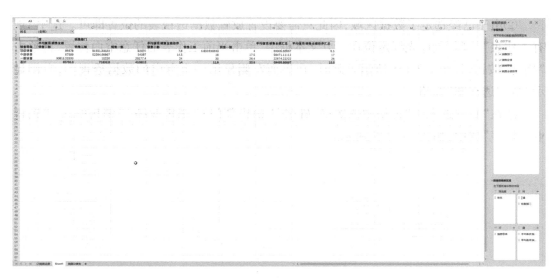

图 1-3-129　数据透视表效果图

5. 创建并编辑数据透视图

为了能更直观地查看数据,可以制作数据透视图。下面将根据"销售业绩表"工作簿制作数据透视图。

①打开"销售业绩表"工作簿,选择 A1:E31 单元格区域,单击"插入"选项卡下的"数据透视图"按钮,如图 1-3-130 所示,打开"创建数据透视图"对话框。

图 1-3-130　单击"数据透视图"按钮

图 1-3-131　"创建数据透视图"对话框

②由于已经选定了数据区域，因此只需要设置放置数据透视表的位置即可。选中"现有工作表"选项，鼠标光标定位在下方文本框中，单击当前工作表的任意空白位置，再单击"确定"按钮，如图 1-3-131 所示。此时，在界面左侧显示一个空白的数据透视图，右侧显示"数据透视图"窗格。

③在"数据透视图"窗格中依次将"姓名""销售部门""销售业绩""销售等级""销售业绩排序"选中，如图 1-3-132 所示。

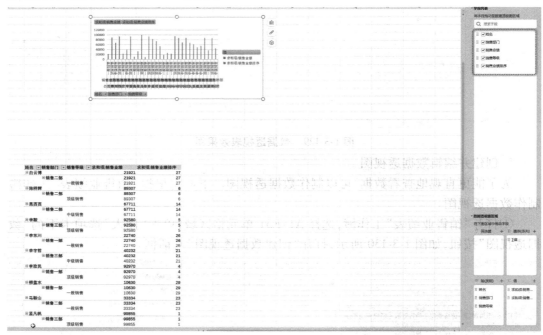

图 1-3-132　"数据透视图字段"窗格

④在"数据透视图"窗格中可以看到"姓名"，将"姓名"拖拽至"筛选器"中，使用同样方法将"销售部门"拖拽至"列"中，如图 1-3-133 所示。

⑤在"数据透视表"窗格中可以看到"求和项：销售业绩排序"，单击 ∨ 按钮，选择"值字段设置"选项，如图 1-3-134 所示，弹出"值字段设置"对话框。

⑥在"值字段设置"对话框中，选择"平均值"，单击"确定"按钮，如图 1-3-135 所示。最终效果如图 1-3-136 所示。

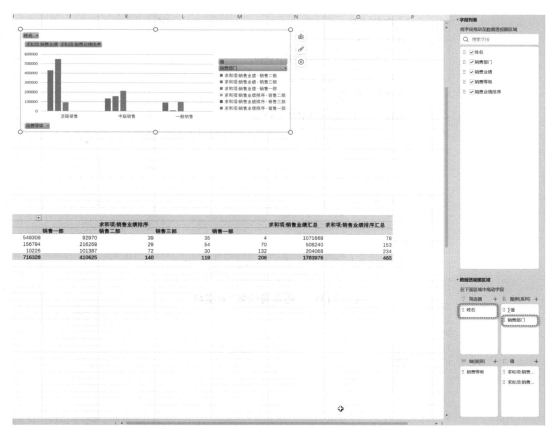

图 1-3-133 调整数据透视图的行与列

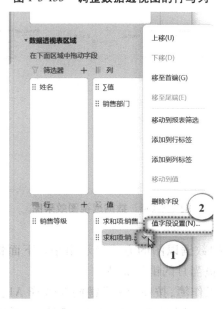

图 1-3-134 "值字段设置"

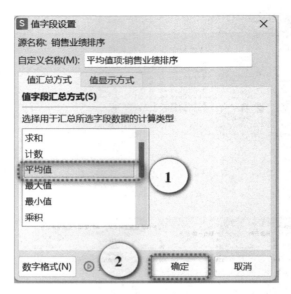

图 1-3-135 "值字段设置"对话框

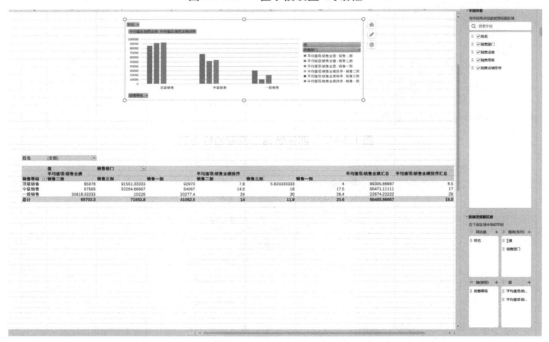

图 1-3-136 数据透视图效果图

6. 创建并编辑图表

图表可以将工作表中的数据以图的方式展示出来。下面将在"销售业绩表"中创建图表，以便直观地查看销售员当月的销售业绩。

①打开"销售业绩表"工作簿，按住"Ctrl"键同时选择 A1：A31 和 C1：C31 单元格区域，单击"插入"选项卡下的"图表"按钮，如图 1-3-137 所示，弹出"图表"对话框。

②选择"柱形图"选项,单击第一个柱形图,即生成柱形图,如图 1-3-138 和图 1-3-139 所示。

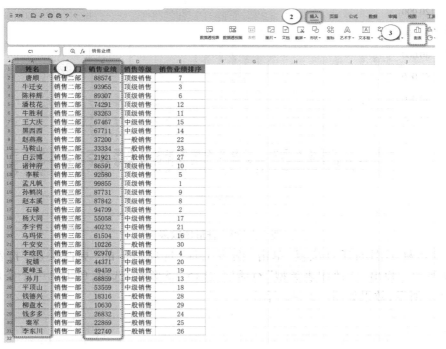

图 1-3-137 单击"图表"按钮

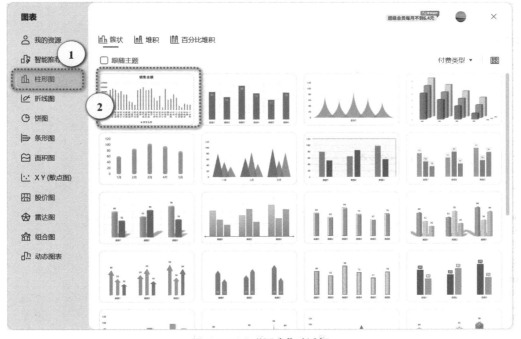

图 1-3-138 "图表"对话框

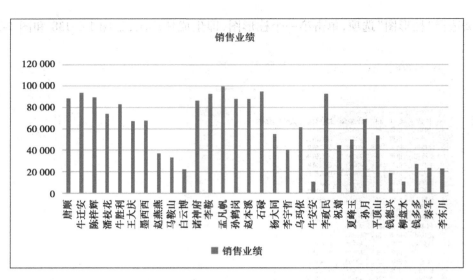

图 1-3-139　柱形图效果

③双击柱形图的任意位置，单击"图表工具"选项卡下的"更改类型"按钮，如图 1-3-140 所示。弹出"更改图表类型"对话框，选择"条形图"选项，单击第一个条形图，如图 1-3-141 所示，效果如图 1-3-142 所示。

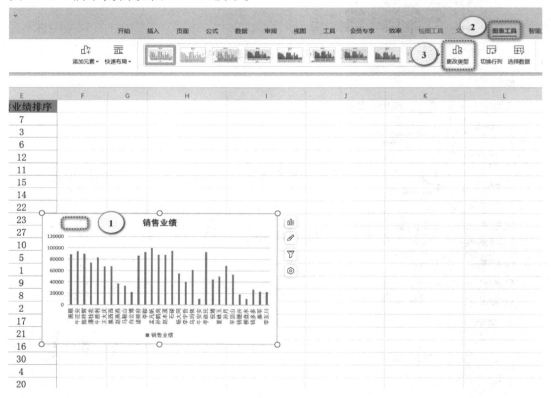

图 1-3-140　更改图表类型

图 1-3-141 "更改图表类型"对话框

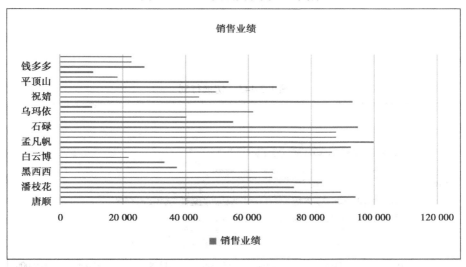

图 1-3-142 更改后的效果

④双击柱形图的任意空白位置,单击"图表工具"选项卡下的"切换行列"按钮,如图 1-3-143 所示,效果如图 1-3-144 所示。

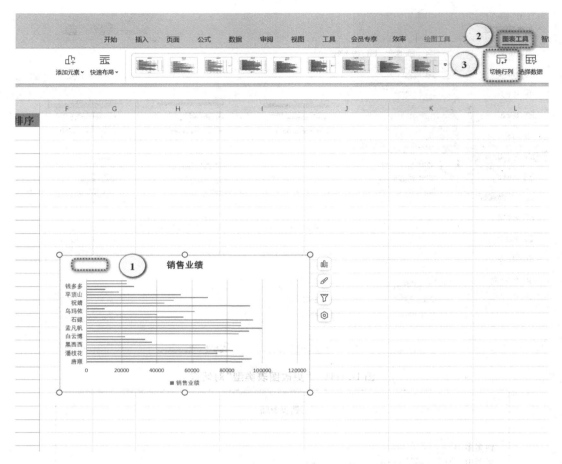

图 1-3-143　切换行列

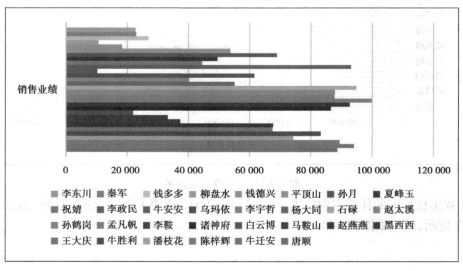

图 1-3-144　切换行列的效果

⑤双击柱形图的任意空白位置，单击"图表工具"选项卡下的"添加元素"按钮，选择"数据标签"→"数据标签外"选项，如图1-3-145所示，效果如图1-3-146所示。

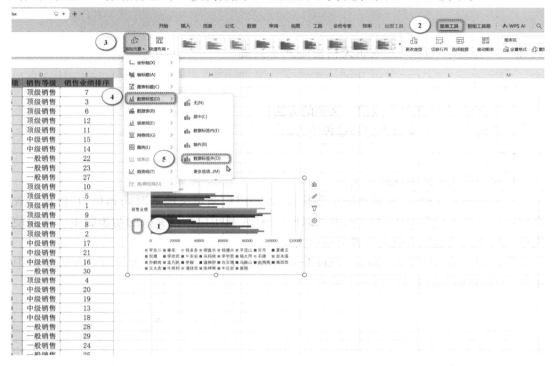

图1-3-145　设置标签

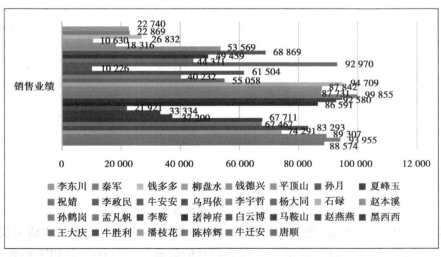

图1-3-146　添加数据标签的效果

项目四　演示文稿制作

实训一　使用讯飞星火生成航天科普周演示文稿

（一）实训目的

1.掌握使用 AI 工具生成演示文稿的方法；

2.掌握更改演示文稿内容和模板的方法。

（二）实验内容

1.使用讯飞星火生成演示文稿

在制作演示文稿时，如果想减少创建、设计和组织演示文稿的时间和精力，将重心放在内容的质量和信息的传达方面，就可以借助 AI 工具生成演示文稿的初步版本。下面使用讯飞星火大模型生成航天科普周演示文稿。

①在搜索引擎中输入"https://xinghuo.xfyun.cn"，进入讯飞星火首页。在该页面中单击"开始对话"按钮，如图 1-4-1 所示。

图 1-4-1　讯飞星火首页

②单击左侧"PPT 生成"按钮，在右侧文本框中输入 PPT 生成需求，如"请帮我写一个航天科普周的演示文稿，包括航天历史、航天精神的讲解"，再选择一个 PPT 模板，讯飞星火大模型将根据需求自动生成演示文稿大纲，如图 1-4-2 所示。

③可以对航天科普周演示文稿的大纲进行修改和调整，不需要的可以删除，如图 1-4-3 所示。调整完毕后，单击下方的"生成 PPT"按钮即可以生成 PPT，如图 1-4-4 所示。

图 1-4-2　输入 PPT 生成需求

图 1-4-3　调整大纲

图 1-4-4　生成 PPT

2.更改演示文稿内容和模板

如果讯飞星火生成的演示文稿内容和模板不符合用户的需求,则可以对其进行修改。下面对航天科普周演示文稿的内容和模板进行修改,修改完成后,将演示文稿下载到本地计算机中。

①在左侧导航窗格中选择第一张幻灯片,选择"汇报人:讯飞智文"文本,将其改为"汇报人:×××",如图 1-4-5 所示。

②选中第 19 张幻灯片,右击,选择"删除页面"命令删除该页幻灯片,如图 1-4-6 所示。

③选中第 7 张幻灯片,单击"T"按钮,添加横向文本框,输入"国外航天发展",如图 1-4-7 所示。

图 1-4-5　更改汇报人

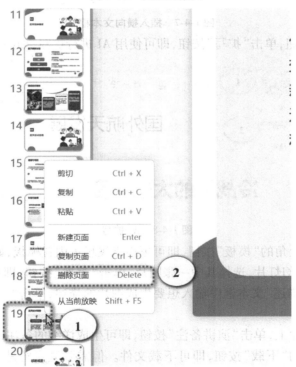

图 1-4-6　删除页面

图 1-4-7　插入横向文本框

④单击"AI"按钮，单击"扩写"按钮，即可使用 AI 进行扩写，如图 1-4-8 所示。

图 1-4-8　AI 扩写

⑤单击页面右上角的"模板"按钮，即可更换讯飞星火内置模板，如图 1-4-9 所示。

⑥单击第 13 张幻灯片，选择其中一张图片，单击"替换"按钮，即可使用讯飞 AI 自动生成图片，在"图片描述"文本框中输入想要生成图片的描述，单击"一键生成"按钮即可，如图 1-4-10 所示。

⑦在该页幻灯片上，单击"演讲备注"按钮，即可生成详细的备注，如图 1-4-11 所示。

⑧单击右上角的"下载"按钮，即可下载文件。但需要注意的是，第一次下载是免费的，之后需要收费。

图 1-4-9　更换模板

图 1-4-10　更换图片

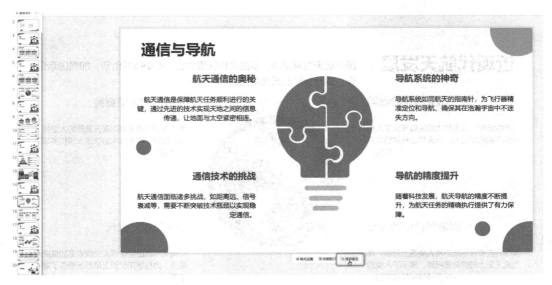

图 1-4-11　生成演讲备注

实训二　制作红楼梦介绍演示文稿

（一）实训目的

1. 掌握新建并保存演示文稿的方法；

2. 掌握新建幻灯片的方法；

3. 掌握输入文本并设置文本格式的方法；

4. 掌握插入并编辑图片、艺术字的方法；

5. 掌握插入并编辑媒体文件的方法。

（二）实训内容

1. 新建并保存演示文稿

下面将新建一个空白演示文稿，再将其以"红楼梦"为名保存在计算机中。

①在桌面空白处右击，选择"新建"→"PPTX 演示文稿"命令，将文件名改为"红楼梦"，如图 1-4-12 所示。

②双击打开演示文稿，在快速访问工具栏中单击"保存"按钮，即可保存，如图 1-4-13 所示。

提示：保存也可以使用"Ctrl+S"组合键。

2. 新建幻灯片

新建并保存演示文稿后，就可以开始添加演示文稿中的内容。在制作"红楼梦"演示文稿时，可以先搭建演示文稿的基本框架，即先新建幻灯片。

①由于是新建的演示文稿，所以在打开时没有幻灯片，此时需要新建幻灯片，单击"单击此处添加第一张幻灯片"，即添加了第一张幻灯片，如图 1-4-14 所示。

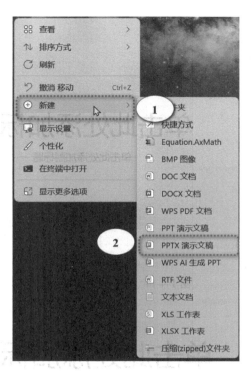

图1-4-12 新建演示文稿

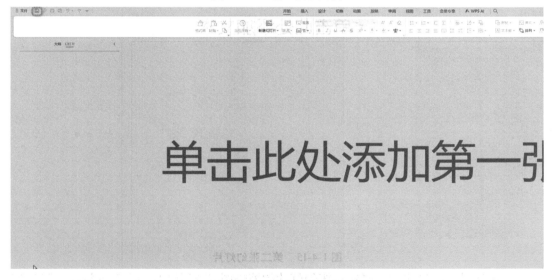

图1-4-13 保存演示文稿

图 1-4-14　第一张幻灯片

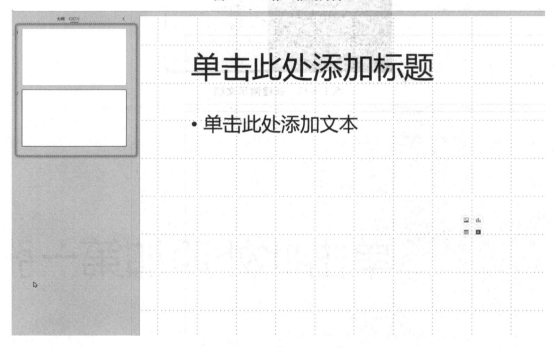

图 1-4-15　第二张幻灯片

②在"幻灯片"窗格中选择第一张幻灯片的缩略图,直接按"Enter"键再新建一张幻灯片,新建幻灯片的版式默认为"标题和内容",如图 1-4-15 所示。

③单击第二张幻灯片缩略图的下方,出现一条横线,单击"开始"选项卡下的"新建幻灯片"按钮,选择"从版式新建"选项,再选择"空白"版式,即可以新建一张"空白"版式的幻灯片,如图 1-4-16 所示。此时,演示文稿中共有 3 张幻灯片,效果如图 1-4-17 所示。

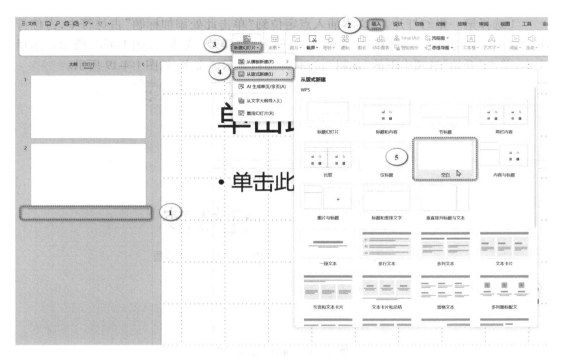

图 1-4-16　新建第三张幻灯片

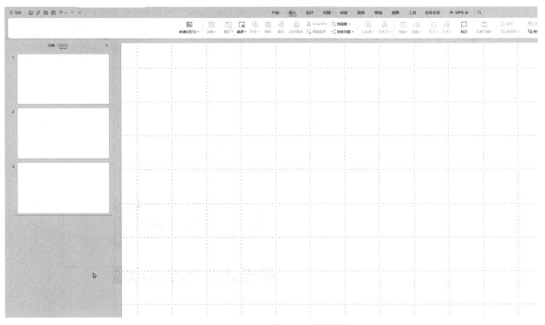

图 1-4-17　新建 3 张幻灯片后的效果

3. 输入文本并设置文本格式

搭建好演示文稿的基本框架后,可以在幻灯片中输入文本并设置文本格式,以完善演示文稿的内容。下面将在"红楼梦"演示文稿中编辑前两张幻灯片中的文本。

①选择第一张幻灯片，将文本插入点定位到"单击此处添加标题"占位符中，占位符中的文本将自动消失。切换到中文输入法，输入"红楼梦"文本，如图 1-4-18 所示。选择文本，单击"开始"选项卡下的"加粗"按钮，即加粗显示该文本，如图 1-4-19 所示。

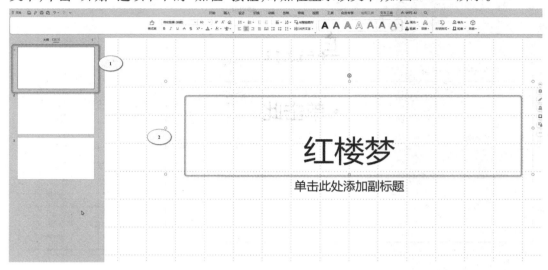

图 1-4-18   输入"红楼梦"

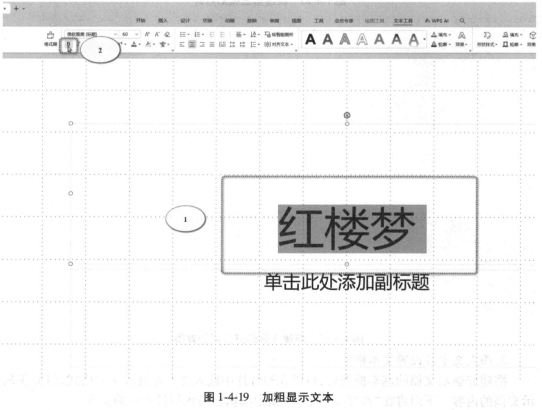

图 1-4-19   加粗显示文本

②将文本插入点定位到"单击此处添加副标题"占位符中,输入"中国四大名著导读系列之红楼梦",如图 1-4-20 所示。

红楼梦

中国四大名著导读系列之红楼梦

图 1-4-20 添加副标题

③选择第二张幻灯片,在"单击此处添加标题"占位符中输入"目录"文本,单击"文本工具"选项卡下的"加粗"按钮,如图 1-4-21 所示。

图 1-4-21 添加"目录"文本

4. 使用文本框

除了可以在演示文稿的占位符中输入文本，还可以在文本框中输入文本。下面将在编辑"红楼梦"演示文稿的第二张幻灯片时删除原有文本框，添加新的文本框，并在文本框中输入目录的具体内容。

①选择第二张幻灯片，单击占位符边缘的任意小圆点，右击，选择"删除"命令，如图1-4-22所示。

提示：单击选中后也可以直接按"Delete"键删除。

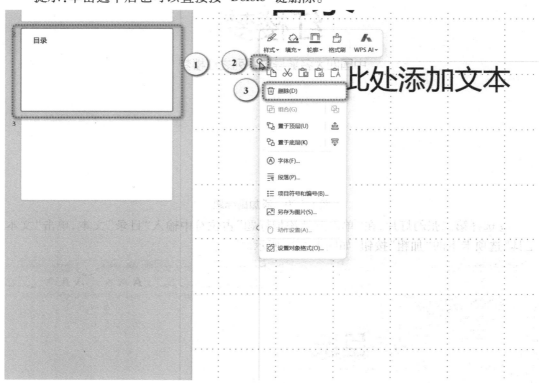

图1-4-22 删除占位符

②单击"插入"选项卡下的"文本框"按钮，选择"横向文本框"选项，如图1-4-23所示，在第二张幻灯片的任意位置，按住鼠标左键拖拽绘制文本框，如图1-4-24所示。

③在文本框中输入"作品介绍"文本，设置文本的字体为"微软雅黑"，字号为"28"，如图1-4-25所示。

④拖拽鼠标指针框选"作品介绍"文本框，按"Ctrl+C"组合键复制文本框，按"Ctrl+V"组合键粘贴文本框，然后修改文本框中的文本为"作者简介"，并将其拖拽到合适的位置。再粘贴一次文本框，修改文本框中的文本为"主要人物"，如图1-4-26所示。

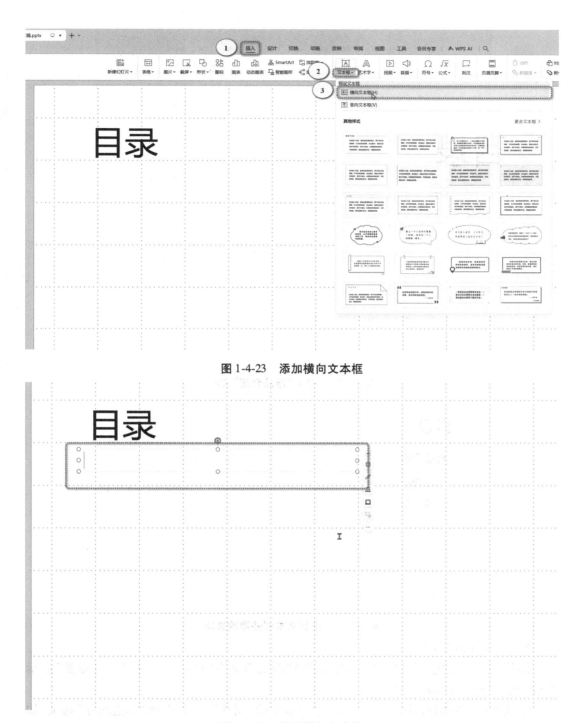

图 1-4-23　添加横向文本框

图 1-4-24　绘制横向文本框

图 1-4-25　设置"作品介绍"文本

图 1-4-26　复制文本框并修改文本

5. 插入并编辑图片

图片起到了美化演示文稿的作用，也能辅助说明文本内容。下面将在"红楼梦"演示文稿中添加图片，使演示文稿图文并茂。

①选择第二张幻灯片，单击"插入"选项卡下的"图片"按钮，选择"本地图片"选项，如图 1-4-27 所示，打开"插入图片"对话框，选择"红楼梦插画. png"图片，单击"打开"按钮，如图 1-4-28 所示，即可把图片插入到演示文稿中。

图 1-4-27 插入图片

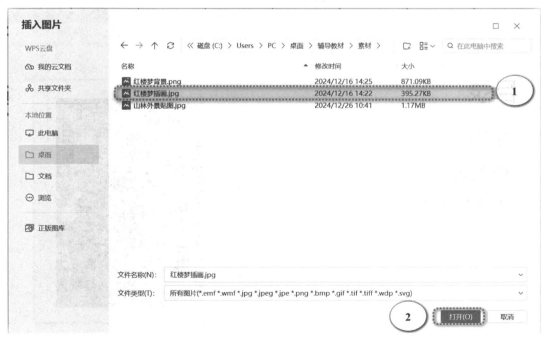

图 1-4-28 "插入图片"对话框

②将图片拖拽到页面右方，然后将鼠标指针定位在图片右下角的控制点上，按住鼠标左键拖拽，将图片调整为合适大小，如图1-4-29所示。

提示：也可以选择手动修改图片大小，单击图片，在"图片工具"选项卡下的长、宽文本框中输入数值即可，如图1-4-30所示，若想要调整纵横比，将"锁定纵横比"选项取消勾选。

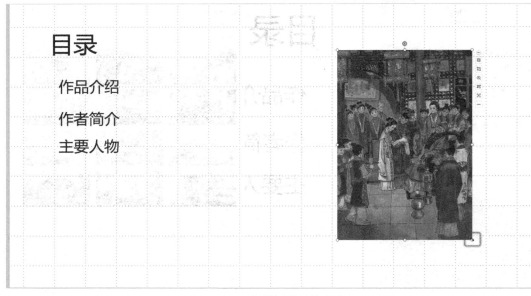

图1-4-29　拖拽调整图片大小

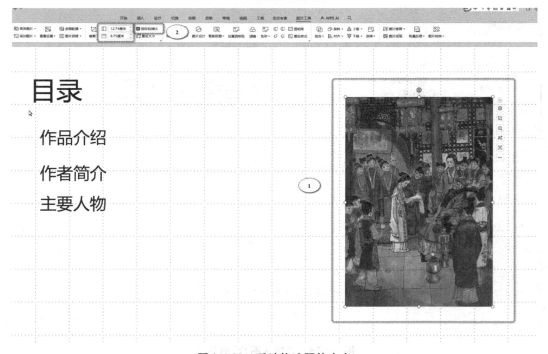

图1-4-30　手动修改图片大小

③图片还可以进行多种形状的裁剪，单击图片，单击"图片工具"选项卡下的"裁剪"按钮，选择"裁剪"→"椭圆"选项，可以看到裁剪形状及其裁剪隐形区，如图 1-4-31 所示。

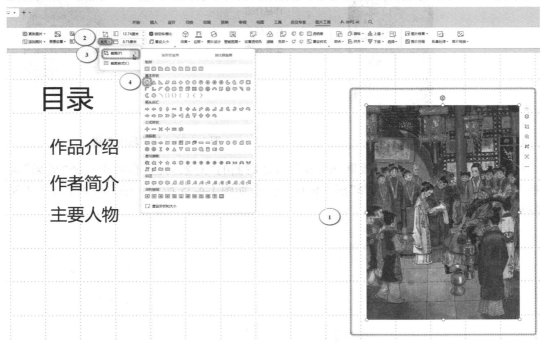

图 1-4-31　裁剪图片

④拖拽图片边缘的黑色线条可以修改裁剪区域的大小，如图 1-4-32 所示，单击图片区域外的地方，即可完成裁剪图片，如图 1-4-33 所示，效果如图 1-4-34 所示。

图 1-4-32　椭圆裁剪

图 1-4-33　修改后裁剪　　　　　　　　　　**图 1-4-34　裁剪后的效果**

⑤可以对图片添加阴影效果，单击图片，在右侧的"对象属性"窗格中选择"效果"选项卡，单击"阴影"下拉框，选择"居中偏移"选项，如图 1-4-35 所示。最终效果如图 1-4-36 所示。

图 1-4-35　对图片添加阴影

图 1-4-36　添加图片阴影后的效果

6. 插入并编辑艺术字

艺术字可以美化演示文稿。下面在"红楼梦"演示文稿中使用艺术字设计标题。

①选择第一张幻灯片,选中"红楼梦"文本框,单击"文本工具"选项卡下的"艺术字预设样式"下拉框,选择"渐变填充−中兰花紫"选项,如图 1-4-37 所示。

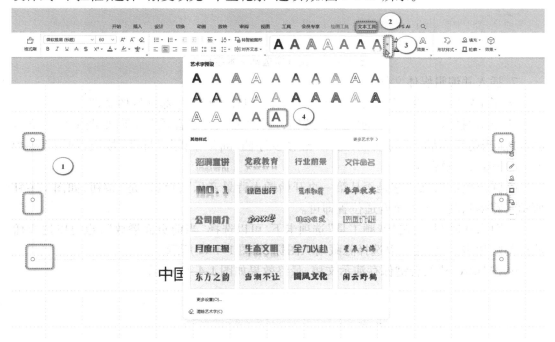

图 1-4-37　插入艺术字

②采用同样的方法为副标题"中国四大名著导读系列之红楼梦"选择艺术字样式"渐变填充-矢车菊蓝"，如图 1-4-38 所示。

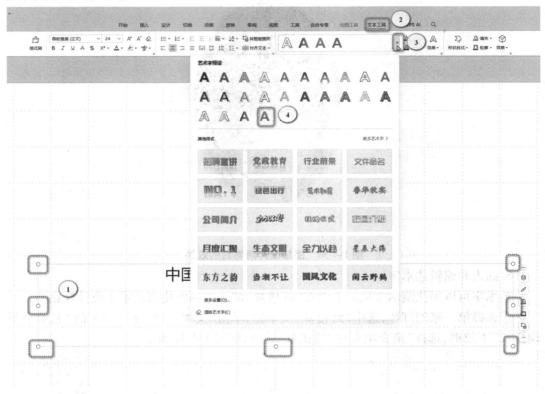

图 1-4-38　副标题选择艺术字样式

7. 插入并编辑媒体文件

为了丰富"红楼梦"演示文稿的视听效果，可以在幻灯片中添加媒体文件。

①单击"插入"选项卡下的"音频"按钮，选择"嵌入背景音乐"选项，如图 1-4-39 所示打开"从当前页面插入"对话框，选择"红楼梦序曲. mp3"，单击"打开"按钮，如图 1-4-40 所示，即插入背景音频。

②弹出提示信息："您是否从第一页开始插入背景音乐"，单击"是"按钮，如图 1-4-41 所示。将喇叭图标调整至合适位置即可。

③单击喇叭图标，在"音频工具"选项卡下，可以选择"当前页面播放"，也可以选择播放至幻灯片多少页，还可以选择隐藏喇叭图标，如图 1-4-42 所示。

④按"Ctrl+S"组合键保存演示文稿，最终效果如图 1-4-43 所示。

图 1-4-39　选择"嵌入背景音乐"选项

图 1-4-40　插入音频

图 1-4-41　WPS 演示

图 1-4-42　调整喇叭图标的位置

图 1-4-43　最终效果

实训三　编辑红楼梦介绍演示文稿

（一）实训目的

1. 掌握设置幻灯片背景的方法；
2. 掌握制作并使用幻灯片母版的方法；
3. 掌握设置幻灯片切换效果的方法；
4. 掌握设置幻灯片动画效果的方法。

（二）实训内容

1. 应用幻灯片主题

幻灯片主题包括预设的背景、字体格式等。既可以在新建演示文稿时应用幻灯片主题，也可以在已经创建好的演示文稿中应用幻灯片主题。应用幻灯片主题后也可以修改主题中设置好的颜色、效果及字体等。下面将在制作"红楼梦"演示文稿时，为演示文稿应用软件自带的幻灯片主题，并根据需要设置主题的效果。

①打开"红楼梦"演示文稿，单击"设计"选项卡下的"主题"下拉框，选择一个与 PPT 内容相符合的主题，为该演示文稿应用主题，如图 1-4-44 所示。

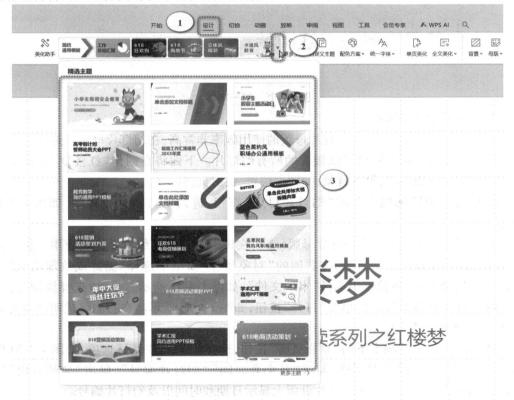

图 1-4-44　选择主题

②单击"设计"选项卡下的"统一字体"按钮，选择适合的方案将幻灯片字体进行统一，如图1-4-45所示。

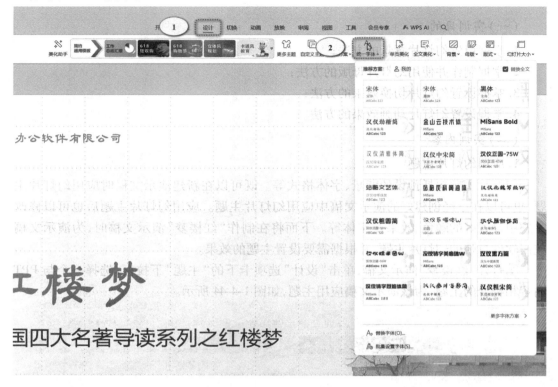

图1-4-45　统一字体

2. 制作并使用幻灯片母版

在制作幻灯片的过程中，幻灯片母版的使用频率非常高，在幻灯片母版中进行的每一项编辑操作都可能影响使用了该版式的所有幻灯片。下面将在制作"红楼梦"演示文稿时进入幻灯片母版视图，设置背景、标题占位符、页眉页脚的格式。

①单击"视图"选项卡下的"幻灯片母版"按钮，进入幻灯片母版视图，如图1-4-46所示。

②选择第一张母版作为幻灯片母版（表示在该幻灯片中的编辑操作将应用于整个演示文稿），单击页面的空白背景，在右侧的"对象属性"窗格中选择"图片或纹理填充"选项，在"请选择图片"下拉框中选择"本地文件"，如图1-4-47所示。弹出"选择纹理"对话框，选择"红楼梦背景"图片，单击"打开"按钮，如图1-4-48所示。在右侧将透明度设置成60%，如图1-4-49所示。

③单击"插入"选项卡下的"页眉页脚"按钮，选择"日期和时间"选项，如图1-4-50所示。弹出"页眉和页脚"对话框，勾选"日期和时间""幻灯片编号"，单击"全部应用"按钮，如图1-4-51所示，即可在幻灯片母版上显示日期和时间以及幻灯片编号。

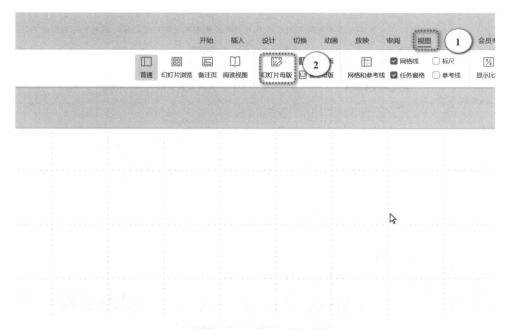

图 1-4-46　进入幻灯片母版

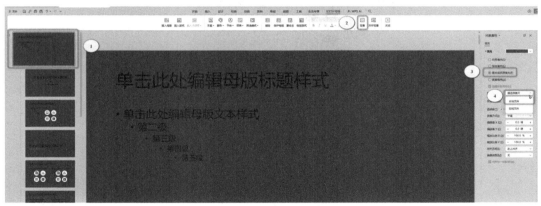

图 1-4-47　设置图片填充背景

④单击"幻灯片母版"选项卡下的"关闭"按钮,退出幻灯片母版视图,返回普通视图,如图 1-4-52 所示。此时可以发现设置的格式已经应用于每张幻灯片中,如图 1-4-53 所示。

图 1-4-48 "选择纹理"对话框

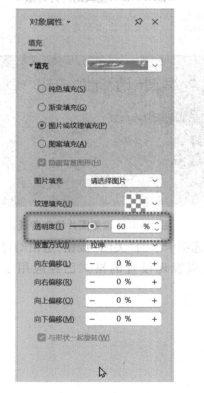

图 1-4-49 设置透明度

图 1-4-50 选择"日期和时间"选项

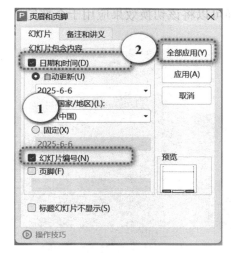

图 1-4-51 "页眉和页脚"对话框

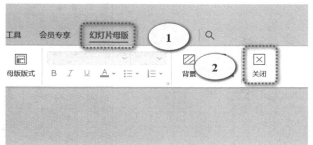

图 1-4-52 关闭幻灯片母版视图

图 1-4-53 幻灯片母版应用效果

3. 设置幻灯片切换效果

WPS 提供了多种预设的幻灯片切换效果。在默认情况下，上一张幻灯片和下一张幻灯片之间没有设置切换效果。下面将在制作"红楼梦"演示文稿时为幻灯片添加合适的切换效果，使演示文稿富有动感，便于后续的演示。

①在"幻灯片"窗格中随意选中一张幻灯片，单击"切换"选项卡，在其中选择一个切换效果。

②在"切换"选项卡下的"声音"下拉列表中选择"激光"选项。

③单击"切换"选项卡下的"应用到全部"按钮，即可以将该切换效果应用于全部幻灯片，如图 1-4-54 所示。

图 1-4-54　应用切换效果

4. 设置幻灯片动画效果

WPS 提供了丰富的动画效果，包括进入、退出、强调、动作路径等，添加动画效果可以使演示文稿富有层次，便于后续展示。

①选择第一张幻灯片中的"红楼梦"文本，单击"动画"选项卡下的"动画效果"下拉框，选择"飞入"选项，如图 1-4-55 所示。

②使用同样的方法，为"中国四大名著导读系列之红楼梦"文本设置"百叶窗"动画。

③单击"动画"选项卡下的"动画窗格"按钮，打开"动画窗格"任务窗口，其中显示了当前幻灯片中所有已设置动画效果的对象，如图 1-4-56 所示。在图中，可以看到有 3 个动画，有时钟图标的是声音，单击"1"，可以看到其动画为"飞入"，"开始"是"单击时"，"方向"是"自底部"，"速度"是"非常快（0.5 秒）"，单击"方向"下拉框，选择"自左侧"，单击"速度"下拉框，选择"快速（1 秒）"，如图 1-4-57 所示。

④右击"1"，可以看到几个选项："单击时"表示单击之后触发动画；"与上一动画同时"表示上一个动画出现时就出现动画；"在上一动画之后"表示顺序播放动画，不需要手动操作。在此选择"与上一动画同时"，如图 1-4-58 所示。

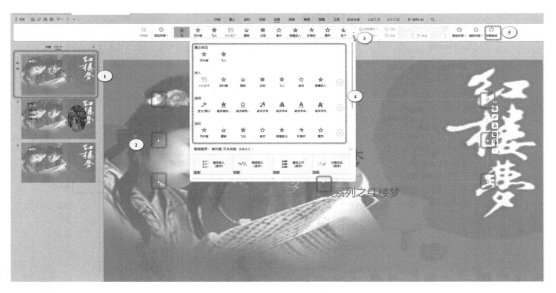

图 1-4-55　插入"飞入"动画

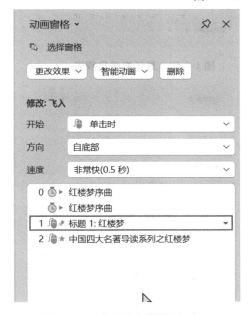

图 1-4-56　"动画窗格"任务窗口

图 1-4-57　修改动画设置

⑤使用同样方法,修改"中国四大名著导读系列之红楼梦"文本的动画设置。

⑥在"动画窗格"中,右击一个动画,选择"显示高级日程表"命令,则会在"动画窗格"内显示动画是如何运行的,如图 1-4-59 所示。

⑦在"动画窗格"中移动鼠标,当形状变为↔时,则可以拖动动画,拖动其到开始 1 s处,使其在"红楼梦"标题后播放,如图 1-4-60 和图 1-4-61 所示。

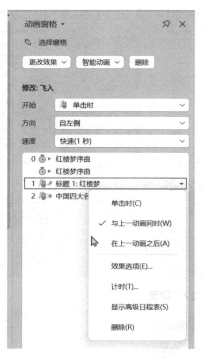

图 1-4-58　修改成"与上一动画同时"

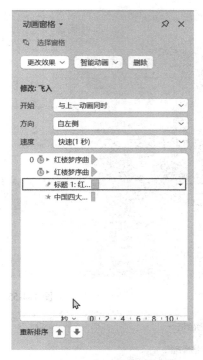

图 1-4-59　显示高级日程表

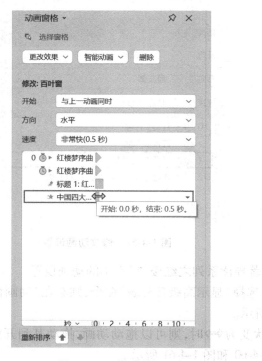

图 1-4-60　拖动动画

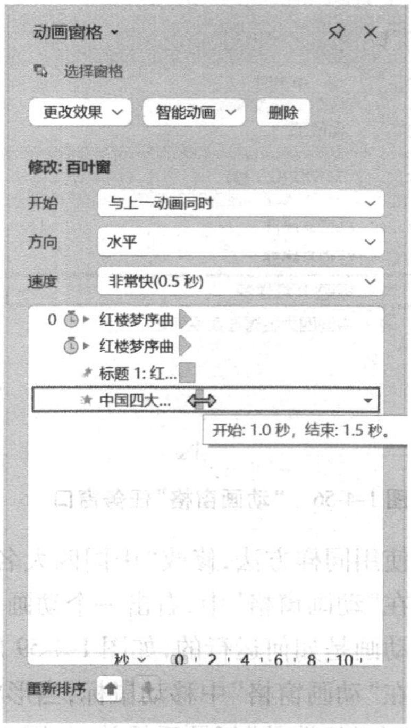

图 1-4-61　调整至 1 s 处

⑧当鼠标形状变为 ←‖→ 时,可以调整动画的结束时间,拖拽至结束 2 s 时停止,如图 1-4-62 所示。

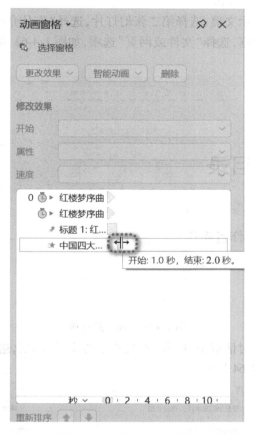

图 1-4-62　调整结束时间

提示:单击"重新排序"旁的向上箭头可以将动画的排序提前,单击向下箭头可以将动画的排序挪后。

⑨保存演示文稿,完成制作。

实训四　放映并输出红楼梦介绍演示文稿

（一）实训目的

1. 掌握创建超链接与动作按钮的方法;

2. 掌握添加批注的方法;

3. 掌握放映幻灯片的方法;

4. 掌握隐藏幻灯片的方法;

5. 掌握通过排练计时自动放映幻灯片的方法;

6. 掌握打印演示文稿的操作。

（二）实训内容

1.创建超链接与动作按钮

①打开"红楼梦"演示文稿，选择第二张幻灯片，选择"作品介绍"文本，单击"插入"选项卡下的"超链接"下拉框，选择"文件或网页"选项，如图1-4-63所示，打开"插入超链接"对话框。

图1-4-63　插入超链接

②在"插入超链接"对话框中，单击"本文档中的位置"选项，选择"作品介绍"选项，单击"确定"按钮，如图1-4-64所示。

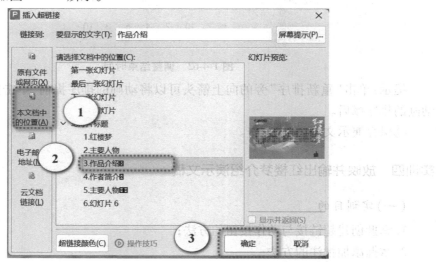

图1-4-64　"插入超链接"对话框

③返回幻灯片编辑区即可看到设置了超链接的文本的颜色已发生变化，并且文本下方有一条横线。使用相同方法将"作者简介"文本链接到"作者简介"幻灯片，"主要人物"文本链接到"主要人物"幻灯片，如图1-4-65所示。

图 1-4-65　设置超链接

④选择"作品介绍"文本,右击,选择"超链接"→"超链接颜色"选项,如图 1-4-66 所示。打开"超链接颜色"对话框,选择"链接无下划线"选项,单击"应用到全部"按钮,如图 1-4-67 所示,即可看到超链接文本没有下划线。

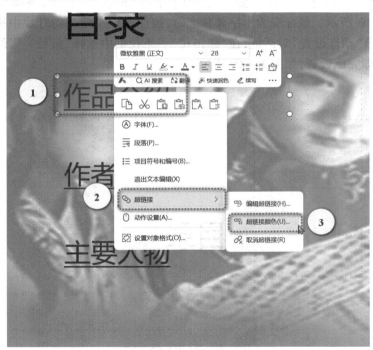

图 1-4-66　设置超链接颜色

图 1-4-67　"超链接颜色"对话框

⑤选择第二张幻灯片,单击"插入"选项卡下的"形状"下拉框,选择"动作按钮:结束",如图 1-4-68 所示。鼠标变为十字架状态时,按住鼠标左键在幻灯片中拖拽出合适的形状,自动弹出"动作设置"对话框,在"超链接至"下拉框中选择"最后一张幻灯片",单击"确定"按钮,即完成设置,如图 1-4-69 所示。

图 1-4-68　插入动作按钮:结束

⑥在"作品介绍"幻灯片中,使用相同的方法绘制"动作按钮:第一张"动作按钮,将其链接至"目录"幻灯片,如图1-4-70和图1-4-71所示。

图1-4-69 设置动作按钮

图1-4-70 "动作设置"对话框

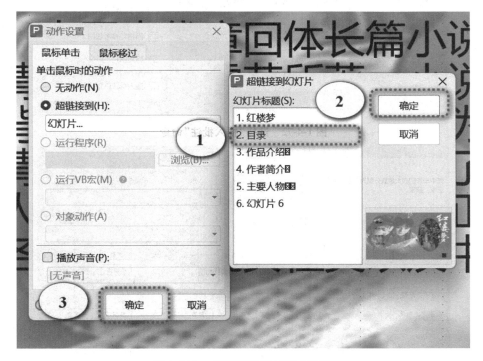

图1-4-71 超链接到"目录"幻灯片

⑦在"作者简介"和"主要人物"幻灯片中，同样绘制动作按钮，并链接至"目录"幻灯片。

2. 添加批注

演示文稿批注是一种在演示文稿中添加的注释或说明，可以帮助其他人更好地理解幻灯片中的内容。

选择第五张幻灯片，在幻灯片空白区域右击，选择"插入批注"命令，如图 1-4-72 所示，在批注框中输入"其中牵涉的四大家族分别为贾家、王家、史家、薛家。"，效果如图 1-4-73 所示。

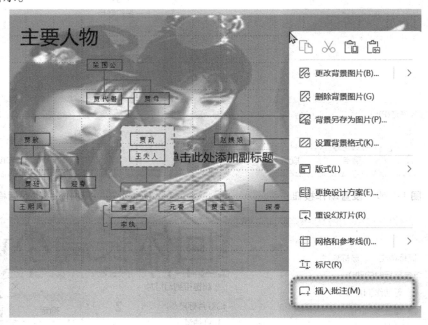

图 1-4-72　选择"插入批注"命令

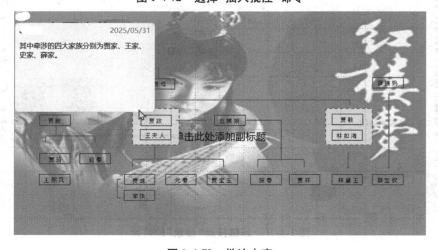

图 1-4-73　批注内容

3. 放映幻灯片

制作演示文稿的最终目的是将其展示给观众,即放映幻灯片。在放映幻灯片的过程中,放映者需要掌握一些放映方法,特别是定位到某张具体的幻灯片,返回上次查看的幻灯片,标记幻灯片的重要内容等。

①单击"放映"选项卡下的"从头开始"按钮,即进入幻灯片放映视图,如图 1-4-74 所示。此时,演示文稿将从第一张幻灯片开始放映,单击或者滚动鼠标滚轮即可放映下一个动画效果或下一张幻灯片。

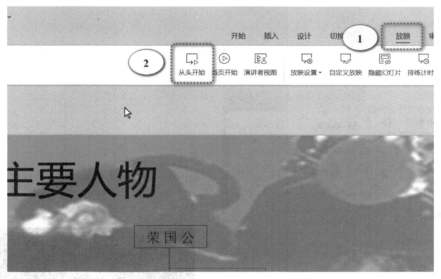

图 1-4-74　从头放映

②在放映到"目录"幻灯片页时,将鼠标指针移动到"作品介绍"文本上,鼠标指针变为手状,如图 1-4-75 所示。单击该文本即可跳转至目标幻灯片。

图 1-4-75　手状指针

提示：如果想要从某一张特定幻灯片开始播放，那么先将鼠标选中该页幻灯片，单击"当页开始"按钮即可。

③依次放映幻灯片，当放映到第三张幻灯片时，右击，在弹出的快捷菜单中选择"墨迹画笔"→"水彩笔"选项，如图 1-4-76 所示，可以在幻灯片中进行标记，如若要继续播放，将"墨迹画笔"设置为"箭头"，继续单击即可。

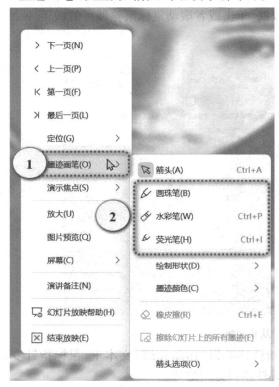

图 1-4-76　标记幻灯片

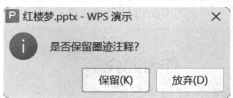

图 1-4-77　放映结束

④放映完最后一张幻灯片后单击，将打开一个黑色页面，提示"放映结束，单击鼠标退出。"，此时单击即可退出幻灯片放映视图，如图 1-4-77 所示。

⑤由于幻灯片中做了标记，退出时将打开"是否保留墨迹注释？"的提示对话框，单击"保留"按钮则保留墨迹，单击"放弃"按钮则放弃保留墨迹，如图 1-4-78 所示。

图 1-4-78　提示是否保留墨迹

4.隐藏幻灯片

放映幻灯片时,系统将自动按设置的放映方式依次放映每张幻灯片,但实际放映"红楼梦"演示文稿的过程中,不需要全部播放,因此可以暂时隐藏不需要放映的幻灯片,需要放映时再将其显示出来。

①在"幻灯片"窗格中选中第五张幻灯片,右击,选择"隐藏幻灯片"选项,即可隐藏该幻灯片,如图 1-4-79 所示。

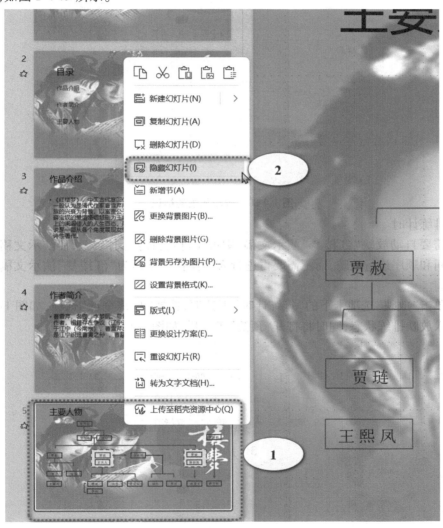

图 1-4-79　选择"隐藏幻灯片"命令

提示:如果想要取消隐藏的幻灯片,再次选择"隐藏幻灯片"命令即可。

②隐藏第五张幻灯片后,该幻灯片的编号上将出现特殊标识,如图 1-4-80 所示,从头播放时,将不再播放该幻灯片,但超链接可以链接到该幻灯片,直接播放该页幻灯片也是可以的。

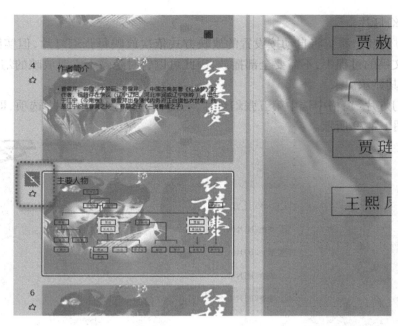

图 1-4-80　隐藏放映的标识

5. 排练计时

若需要自动放映"红楼梦"演示文稿,则可以进行排练计时设置,使演示文稿根据排练的时间和顺序进行放映,而不需要再进行人为操作。下面为"红楼梦"演示文稿设置排练计时。

①单击"放映"选项卡下的"排练计时"下拉框,选择"排练全部"选项,如图 1-4-81 所示。进入放映排练状态,同时将打开"预演"工具栏,如图 1-4-82 所示。

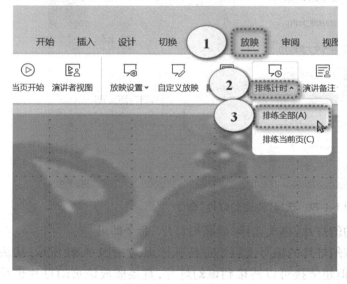

图 1-4-81　排练计时

图 1-4-82　"预演"工具栏

②"预演"工具栏中包含"下一项""暂停""恢复"按钮,还将显示当前幻灯片的"时间"和总计"时间",单击或者按"Enter"键即可控制幻灯片中下一个动画出现的时间。

③一张幻灯片播放完毕后,单击即可切换到下一张幻灯片,"预演"工具栏将重新开始为下一张幻灯片放映的计时。

④放映结束后,会弹出提示对话框,询问"是否保留新的幻灯片排练时间",单击"是"按钮,如图 1-4-83 所示,即切换到幻灯片浏览视图。

图 1-4-83　排练时间询问对话框

⑤在幻灯片浏览视图中,每张幻灯片的右下角将显示其放映时间,如图 1-4-84 所示。

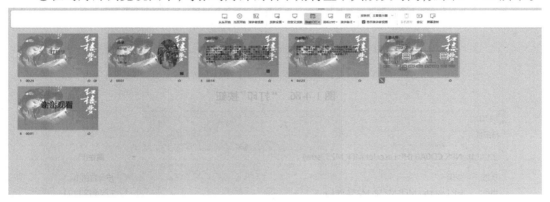

图 1-4-84　幻灯片浏览视图

⑥若要返回普通视图,单击"视图"选项卡下的"普通"按钮即可,如图 1-4-85 所示。

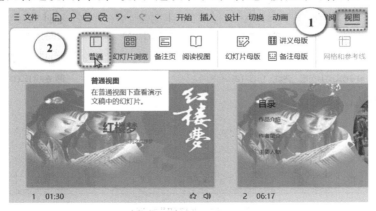

图 1-4-85　返回普通视图

6. 打印演示文稿

演示文稿不仅可以演示，还可以打印在纸张上，作为演讲稿或者分发给观众作为演讲提示。下面对"红楼梦"演示文稿进行打印。

①打开"红楼梦"演示文稿，单击"打印"按钮（或按"Ctrl+P"组合键），如图 1-4-86 所示，弹出"打印"对话框。

图 1-4-86 "打印"按钮

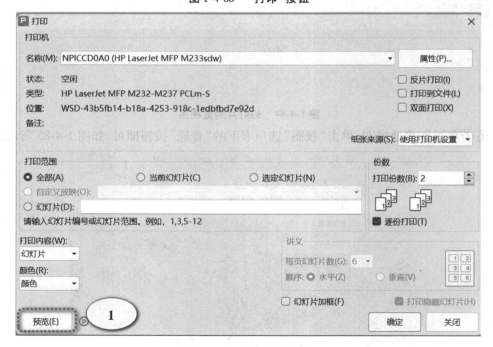

图 1-4-87 "打印"对话框

　　②在"打印份数"数值框中输入"2",即打印 2 份,单击左下角的"预览"按钮,如图 1-4-87 所示,进入打印预览窗口。

　　③在右侧的"打印设置"窗格中,设置"逐份打印""横向""双面打印-短边翻页""4 张水平",在左侧打印预览中即可看到纸张中的呈现情况,调整妥当后,单击"打印"按钮开始打印,如图 1-4-88 所示。

图 1-4-88　打印设置

项目五　信息检索

实训一　使用百度和 DeepSeek 搜索感动中国十大人物

（一）实训目的

1. 掌握百度搜索引擎的基本使用方法和高级查询方法；
2. 掌握使用 DeepSeek 进行搜索的方法。

（二）实训内容

1. 百度搜索引擎的基本使用

使用搜索引擎搜索信息是人们获取信息的常用途径之一。下面将在百度搜索引擎中搜索"感动中国十大人物"的相关信息，了解并学习优秀人物的优良品质，提升自己的素养。

①在浏览器中打开百度首页，然后在搜索框中输入要查询的关键词"感动中国十大人物"，再按"Enter"键或单击"百度一下"按钮，进入搜索结果页面，如图 1-5-1 所示。

②单击"搜索工具"按钮，展开"搜索工具"工具栏，单击"时间不限"按钮，在打开的下拉列表中选择"一年内"选项，然后单击"确认"按钮，如图 1-5-2 所示，此时将得到一年内与"感动中国十大人物"有关的搜索结果。

图 1-5-1　搜索结果页面

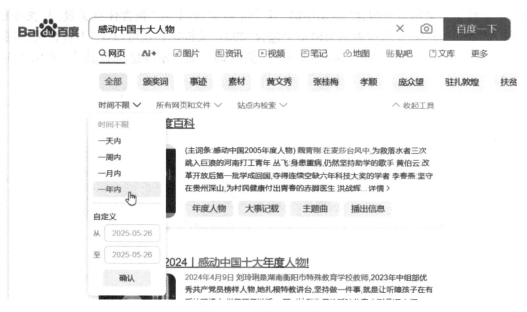

图 1-5-2　设置限制时间

③在"搜索工具"工具栏中单击"所有网页和文件"按钮,在打开的下拉列表中选择
"Word(.doc)"选项,此时,网页中将只显示搜索到的与"感动中国十大人物"有关的 Word
文件,如图 1-5-3 所示。

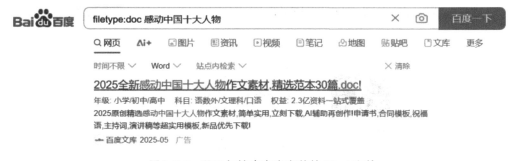

图 1-5-3　显示与搜索内容有关的 Word 文件

2. 百度搜索引擎的高级查询

在搜索"感动中国十大人物"时,可以针对包含全部关键词、包含完整关键词、包含任
意关键词或不包含某些关键词等情况进行搜索,从而获得更加符合要求的搜索结果,以便
更好地筛选"感动中国十大人物"的相关信息。

①单击搜索结果页面右上角的"设置"按钮,在弹出的下拉列表中选择"高级搜索"
选项。

②打开"高级搜索"面板,切换到"高级搜索"选项卡,在"搜索结果"栏中的"包含全
部关键词"文本框中输入"感动 中国 十大 人物"文本,要求搜索结果网页中同时包含"感
动""中国""十大""人物"4 个关键词;在"包含完整关键词"文本框中输入"感动中国"文

本，要求搜索结果网页中包含"感动中国"这个完整关键词，在"包含任意关键词"文本框中输入"2024"文本，要求搜索结果网页中包含"2024"关键词。还可以在"不包括关键词"文本框中输入相关文本，以及选择"时间""关键词位置"等信息进行搜索，如图 1-5-4 所示。

图 1-5-4 设置搜索参数

③单击"高级搜索"按钮，搜索结果如图 1-5-5 所示。

图 1-5-5 搜索结果

3. 使用 DeepSeek 进行搜索

网络中充斥着数以亿计的文本、文件、网站、在线文档等形式的信息，要使用传统搜索引擎进行精准检索对检索人员的检索能力有一定的要求，而生成式 AI 工具可以极大地降低检索难度，帮助用户快速获取信息。下面将使用 DeepSeek 搜索"感动中国十大人物"的相关信息。

①在浏览器中搜索 DeepSeek，进入其网页版界面，在文本框中输入检索需求，如"帮我搜索感动中国十大人物"，DeepSeek 将根据该需求自动给出检索结果，并列举出与需求相关的超链接，如图 1-5-6 所示。

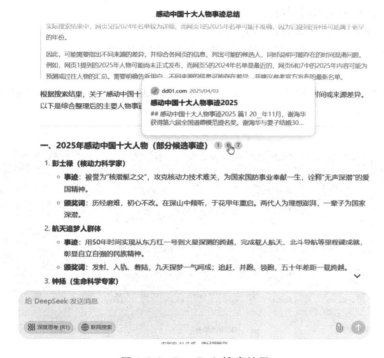

图 1-5-6　DeepSeek 搜索结果

②如果需要缩小检索范围，则可以重新输入需求，如"帮我搜索感动中国十大人物的文章"，DeepSeek 将重新输出检索结果，如图 1-5-7 所示，并列举相关超链接。单击超链接，可以查看 DeepSeek 列举的检索结果所参考的信息。

一、2023—2024年度感动中国十大人物（部分）

1. **钱七虎（防护工程专家）**
   - 事迹：60余年投身国防工程研究，参与多项重大国防项目，建立中国防护工程人才培养体系，资助贫困学生584名，捐款超1800万元。
   - 颁奖词："奋斗一甲子，铸盾六十年。是……

2. **邓小岚（乡村音乐教育者）**
   - 事迹：扎根河北马兰村20年，组建儿童……
   - 颁奖词："山花灿烂，杨柳依依，孩子们的歌声因你的爱而动人。"

3. **陆鸿（脑瘫创业者）**
   - 事迹：因脑瘫求职屡遭拒，自学影视后期制作，创办工厂为残疾人提供就业岗位，年营业额达1400万元。
   - 颁奖词："能吃苦，肯奋斗，如扁舟逆流而上，为阴霾中的微笑注入力量。"

4. **林占熺（菌草技术专家）**

图 1-5-7　重新输出搜索结果

实训二　使用中国知网检索大数据相关期刊论文

（一）实训目的

1. 了解信息检索专用平台；
2. 了解知网平台中检索信息的方法；
3. 能够在知网平台中通过设置限定搜索条件进行高级搜索。

（二）实训内容

①在浏览器地址栏中输入网址"https://www.cnki.net"并按"Enter"键，打开中国知网，如图 1-5-8 所示。

图 1-5-8　中国知网主页

②在搜索框中输入关键词"大数据"，然后按"Enter"键或单击"检索"按钮，打开搜索结果页面，如图 1-5-9 所示。

图 1-5-9　搜索结果

③单击搜索框下方的"学术期刊"按钮,从搜索结果中筛选期刊论文,如图 1-5-10 所示。

图 1-5-10　从筛选结果中筛选期刊论文

④在页面左侧的"来源类别"列表中选择"北大核心"选项,对搜索结果进行进一步筛选,即筛选出"北大核心"出版的期刊论文,如图 1-5-11 所示。

图 1-5-11　查看指定来源类别的期刊论文

⑤在搜索结果页面单击某篇期刊论文,如"人工智能在肿瘤诊疗研究中的应用",即可打开该论文的详情页面,其中显示了论文的摘要、关键词、基金资助、专辑、专题、分类号等信息。单击页面中的相关按钮,可引用、收藏或记笔记(在线阅读或下载论文时需先登录中国知网账号),如图 1-5-12 所示。

图 1-5-12　期刊论文的详情页面

实训三　检索人工智能的最新发展动态

（一）实训目的

1. 掌握信息检索的基本流程；

2. 选择合适的检索工具检索信息。

（二）实训内容

①启动 Microsoft Edge 浏览器，在搜索框中输入关键词"人工智能最新发展动态"，如图 1-5-13 所示，然后按"Enter"键，打开搜索结果页面，如图 1-5-14 所示。

图 1-5-13　在搜索框中输入关键词

②单击搜索框下方的"视频"按钮，切换到"视频"板块，此时页面中只显示与关键词相关的视频，如图 1-5-15 所示。

③单击板块名称右侧的"筛选器"按钮，在板块名称下方显示筛选条件下拉按钮，如"时长""日期""清晰度"等。单击"日期"下拉按钮，在展开的下拉列表中选择"过去一周"选项，即可自动打开设置筛选条件后的搜索结果页面，如图 1-5-16 所示。

图 1-5-14　搜索结果

图 1-5-15　"视频"板块

图 1-5-16　添加日期限制条件后的搜索结果页面

④在搜索结果页面单击某条视频链接，如"4-人工智能的历史发展"，即可跳转到该视频的详情页面，如图 1-5-17 所示。

图 1-5-17　视频详情页

项目六　新一代信息技术

实训一　使用文心一言生成重庆三日游方案

（一）实训目的

1. 了解文心一言的工作原理；
2. 掌握文心一言的操作方法；
3. 了解人工智能的应用场景。

（二）实训内容

文心一言是百度公司开发的大型语言模型，具备强大的自然语言处理能力，广泛应用于旅游规划、文本生成等领域。该模型可以自动识别时间、交通方式、景点组合等核心要素，通过调用百度地图 API 获取实时交通数据，并融合旅游平台（如携程、美团）的景点评分、住宿评价及用户评论，生成个性化推荐。下面将使用文心一言生成重庆三日游方案。

①访问百度网站，搜索文心一言，进入文心一言官网，如图 1-6-1 所示。

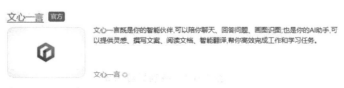

图 1-6-1　搜索进入官网

②在文心一言官网页面的对话框内输入"生成重庆三日游方案"，如图 1-6-2 所示，按"Enter"键即可得到详细的重庆三日游方案，如图 1-6-3 所示。

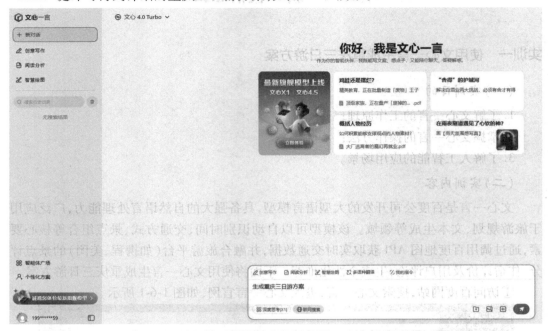

图 1-6-2　在对话框内输入信息

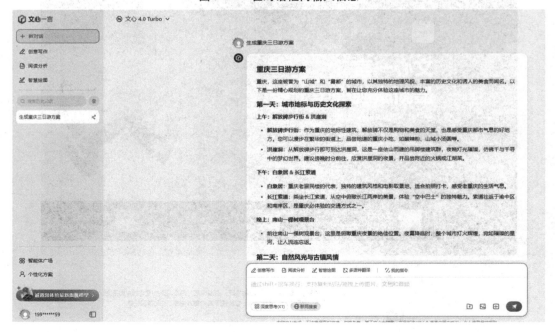

图 1-6-3　得到最终方案

③可以根据实际情况调整方案,如带有小孩,可以直接在方案生成之后,在下方对话框内输入"带有小孩",按"Enter"键重新得到调整后的重庆三日游方案,如图1-6-4所示。

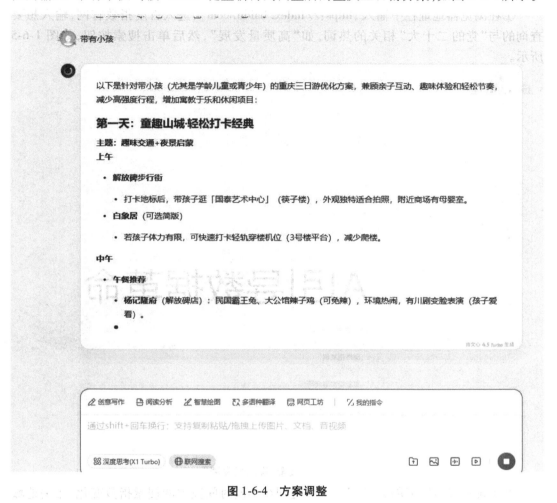

图1-6-4 方案调整

实训二 使用百度指数搜索热词

(一)实训目的

1.了解百度指数的基本功能;

2.掌握百度指数的使用技巧。

(二)实训内容

百度指数是一个基于互联网大数据分析的工具,能够提供关键词的搜索趋势和相关数据。通过输入特定关键词,百度指数可以展示该词的搜索热度随时间变化的趋势图,帮助用户了解公众关注的焦点和兴趣。此外,它还能提供地域分布、人群画像等分析维度,为市场研究、内容创作等提供数据支持。下面将使用百度指数搜索与"党的二十大"相关的热词。

①在浏览器地址栏中输入"https：//index.baidu.com"，进入百度指数官网，输入想要查询的与"党的二十大"相关的热词，如"高质量发展"，然后单击搜索按钮，如图1-6-5所示。

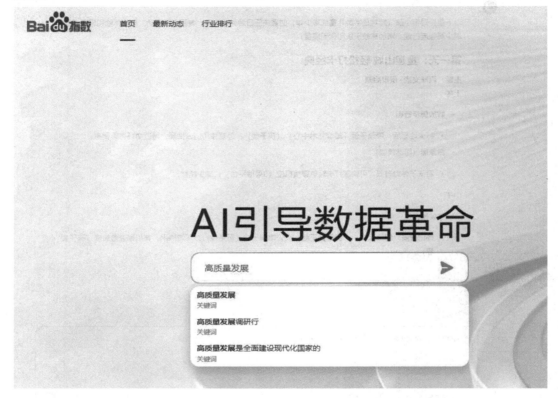

图1-6-5　搜索"高质量发展"

②系统将显示"高质量发展"这一关键词在不同时间段内的搜索指数变化、相关地域的关注度以及人群的兴趣分布等详细信息。用户可以据此分析该话题的热度趋势，为相关决策提供参考，如图1-6-6所示。

③百度指数也可以进行多热词对比，如输入"高质量发展"和"创新"，可以观察它们在同一时间段内的热度差异和变化趋势的异同，分析不同热词之间的相关性和关联度，如图1-6-7所示。

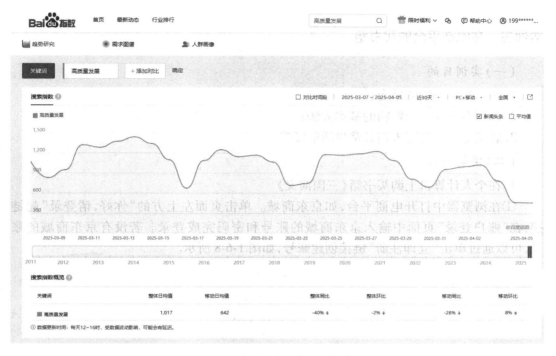

图 1-6-6　"高质量发展"热词搜索结果

图 1-6-7　多热词对比

实训三　在电商平台购买书籍

（一）实训目的

1. 了解常用的电商平台；

2. 掌握在电商平台购物的基本方法；

3. 感受电子商务对人们日常生活的影响。

（二）实训内容

1. 在个人计算机上购买书籍《三国演义》

①在浏览器中打开电商平台，如京东商城。单击页面左上方的"你好，请登录"超链接，在"账户登录"页面中输入京东商城的账号和密码完成登录。若没有京东商城的账号，可以通过单击"立即注册"链接创建账号，如图1-6-8所示。

图1-6-8　注册账号

②登录成功后，将自动返回京东首页，在左侧分类列表中单击"图书"超链接，在搜索框中输入"三国演义"，选择版本和卖家，加入购物车，单击"结算"按钮，如图1-6-9所示。

图1-6-9　结算页面

③在订单结算页核对并填写收货人信息等,单击"提交订单"按钮,根据提示选择支付方式完成支付。

2. 使用手机购买书籍《三国演义》

①在手机应用市场中找到京东商城 App,下载到手机里打开,在上方的搜索框内输入"三国演义",点击"搜索",此时手机界面中将显示与"三国演义"相关的商品,如图 1-6-10 所示。

②选择需要的版本,点击加入购物车,然后再去购物车结算,如图 1-6-11 所示。

③在购物车页面中点击下方的"去结算",即可进入订单页面,如图 1-6-12 所示,核对信息无误后即可点击"提交订单",按照提示信息完成支付。

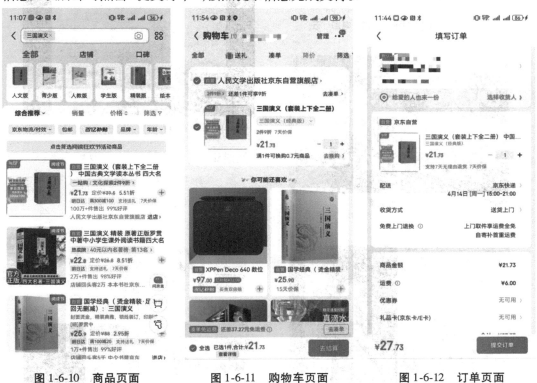

图 1-6-10　商品页面　　　　图 1-6-11　购物车页面　　　　图 1-6-12　订单页面

实训四　使用手机投屏电视

(一)实训目的

1. 了解手机投屏技术的基本原理;

2. 掌握常见投屏软件的使用方法。

(二)实训内容

随着智能手机的普及,使用手机观看视频内容已成为常态。通过投屏技术,手机画面可实时传输至电视，提升观影体验。只要手机和电视连接在同一局域网中，就能实现数据的传输，享受大屏观影的乐趣。下面通过手机将爱奇艺中的电视剧投屏到电视上。

①将手机和电视连接到同一局域网中，打开手机上的爱奇艺 App，选择要观看的电视剧，如"西游记"，如图 1-6-13 所示。

②在电视剧播放的状态下点击播放界面右上角的投屏图标，如图 1-6-14 所示。

③在"投屏"界面中，会自动搜索处于同一局域网内的电视设备，选择目标电视后点击"连接"，手机画面会同步至电视，如图 1-6-15 所示。

图 1-6-13　电视剧选择界面　　　　　　图 1-6-14　投屏图标

④电视显示手机投屏画面后，手机的播放页面变为播放器样式，可在手机上调整音量和播放进度、切换剧集、暂停播放等，如图 1-6-16 所示。

图 1-6-15　连接电视界面　　　　　图 1-6-16　手机遥控界面

实训五　在百度网盘中上传、分享和下载文件

（一）实训目的

1. 了解百度网盘的基本功能；

2. 掌握在百度网盘上上传、分享和下载文件的方法。

（二）实训内容

百度网盘是百度公司推出的一款云存储服务，允许用户将文件上传至云端，并通过多个终端同步、管理和分享文件。下面将在百度网盘中上传、分享和下载文件。

①打开百度网盘网站，登录账号，没有账号可以单击下方的"直接注册"，注册账号后登录，如图 1-6-17 所示。

图 1-6-17　登录百度网盘

②单击"上传"按钮，选择"上传文件"选项，选择本地文件后，单击"打开"按钮即可上传至网盘，如图 1-6-18 所示。

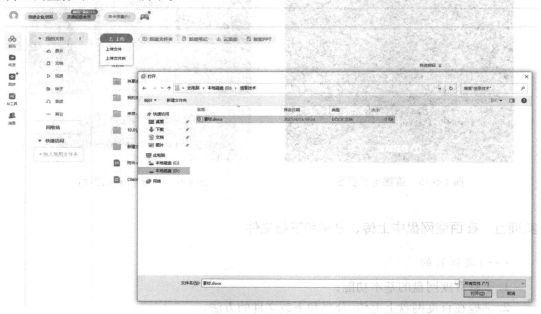

图 1-6-18　上传文件界面

③选择网盘中要分享的文件，单击"分享"按钮，可以通过链接分享，也可以直接发给网盘好友，链接分享时可以设置分享有效期和提取码，再分享给他人，如图 1-6-19 所示。

图 1-6-19　分享文件界面

④如果要下载自己网盘中文件时,需勾选要下载的文件,单击"下载"按钮,选择保存路径,即可将文件下载到本地计算机中,如图 1-6-20 所示。

图 1-6-20　下载文件界面

⑤如果要下载别人分享的文件,一般需要取得分享者提供的分享链接和提取码,复制该链接,在浏览器中粘贴并打开,输入提取码,即可进入下载界面下载文件,如图 1-6-21 和图 1-6-22 所示。

图 1-6-21　输入提取码

图 1-6-22　下载文件界面

实训六　使用 WPS 表格生成在线调研报告

（一）实训目的

1. 了解 WPS 表格的基本功能和使用方法；

2. 掌握在线调研报告的生成步骤；

3. 提升数据分析和报告制作能力。

（二）实训内容

下面将使用 WPS 表格生成在线调研报告。

①打开 WPS Office，单击左侧的应用市场按钮，如图 1-6-23 所示。

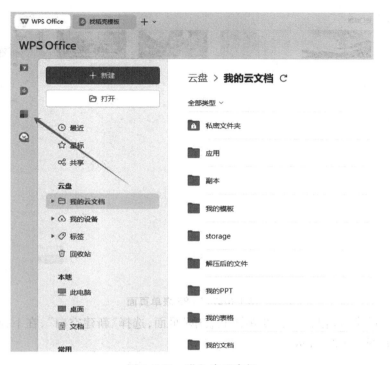

图 1-6-23 进入应用市场

②在应用市场中搜索"统计表单"，如图 1-6-24 所示。

图 1-6-24 搜索"统计表单"

③单击统计表单，进入 WPS 表单页面，如图 1-6-25 所示。

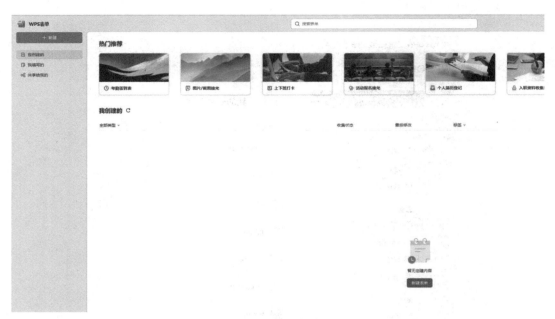

图 1-6-25　WPS 表单页面

④单击"新建"按钮，进入"新建智能表单"页面，选择"新建空白"，在下拉选项里面选择"问卷"，如图 1-6-26 所示。

图 1-6-26　选择"问卷"

⑤根据调研需求设计问卷内容，可以通过选择左边的模板来帮忙完善问卷信息，如要求收集手机号码，可以单击左侧"常用模板"中的"手机号"，即可在问卷中生成"请输入手

机号"的问题,如图 1-6-27 所示。完善需要调研的所有问题后,如图 1-6-28 所示,单击右上角的"发布并分享"按钮。

图 1-6-27 设置问卷

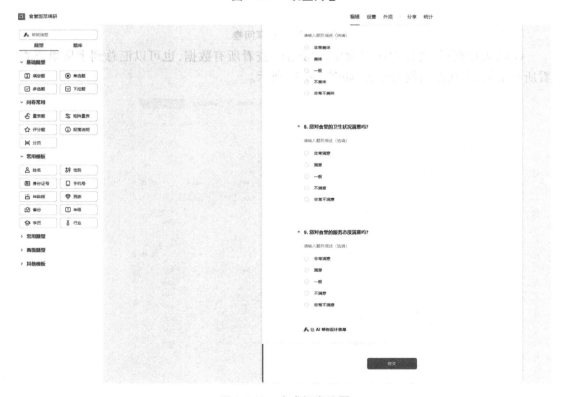

图 1-6-28 完成问卷设置

⑥将生成的二维码链接通过微信、QQ 等分享给需要调研的对象,使其打开链接回答

问题，如图 1-6-29 所示。

图 1-6-29　分享问卷

⑦收集数据后，可以单击页面中的"统计"查看所有数据，也可以汇总到表格里再查看所有数据，形成在线调研报告，如图 1-6-30 所示。

图 1-6-30　查看数据

项目七 信息素养与社会责任

实训一 清除上网痕迹

（一）实训目的

1. 了解清除上网痕迹的意义；

2. 掌握清除上网痕迹的方法；

3. 掌握查看上网用户密码的方法；

4. 提高网络安全意识。

（二）实训内容

在使用计算机上网的过程中，通过浏览器访问网站的历史记录、账号密码、缓存数据等内容会被暂时保存在计算机中。这些内容可能会被恶意获取，对计算机、个人信息或财产安全等造成威胁，因此用户应该养成定期清除上网痕迹的习惯，提高网络安全意识。

1. 清除浏览器记录

用户大多通过浏览器访问网站，因此可以直接清除浏览器中的上网痕迹。下面在 Microsoft Edge 中清除上网痕迹。

①打开 Microsoft Edge 浏览器，单击页面右上角的三个点，在打开的下拉列表中选择"删除浏览数据"命令，如图 1-7-1 所示，打开"删除浏览数据"对话框。

提示：打开 Microsoft Edge 浏览器后，使用"Ctrl+Shift+Del"组合键也可快速打开"删除浏览数据"对话框。

②在"删除浏览数据"对话框中，将"时间范围"设置为"所有时间"，拖动"删除浏览数据"面板右侧的滑块，选中所有的复选框，单击"立即清除"按钮，即将浏览器所有痕迹清除，如图 1-7-2 所示。

2. 查看上网账号密码

①打开 Microsoft Edge 浏览器，单击页面右上角的三个点，在打开的下拉列表中选择"密码"命令，如图 1-7-3 所示，进入"Microsoft 电子钱包"页面。

②在"Microsoft 电子钱包"页面内，单击想要查看的站点名称，如"alipay. com"，如图 1-7-4 所示。

③单击"眼睛"按钮，即可查看该站点的密码，如图 1-7-5 和图 1-7-6 所示。

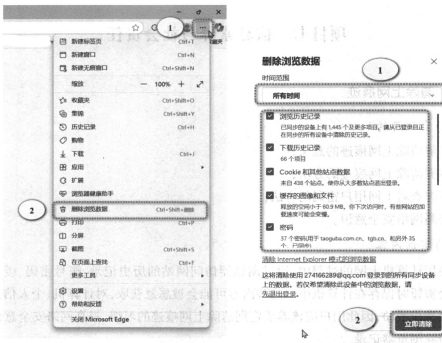

图 1-7-1　选择"删除浏览数据"命令　　　图 1-7-2　"删除浏览数据"对话框

图 1-7-3　密码

图 1-7-4 "Microsoft 电子钱包"页面

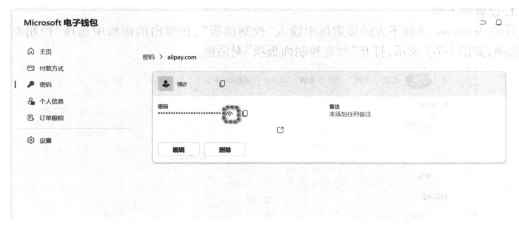

图 1-7-5 单击"眼睛"按钮

图 1-7-6 查看密码

实训二　设置防火墙

（一）实训目的

1. 了解设置防火墙的重要性；
2. 掌握设置防火墙的方法；
3. 掌握设置入站规则与出站规则的方法；
4. 重视信息安全，培养保护计算机安全的意识。

（二）实训内容

互联网的快速发展给人们带来了极大的便利，同时每个人都应该对信息的传输安全问题引起重视，尤其是在人们使用计算机的过程中，计算机很容易受到各种外部干扰，造成数据的丢失。因此，了解并设置计算机防火墙是非常重要的。防火墙是由计算机硬件和软件组成的系统，用于维护计算机内部网络和外部网络之间的信息流通。它不仅能够检查网络数据，还能够保护内部网络数据的安全，防止外部数据的恶意入侵。下面将开启计算机中的防火墙，并进行自定义设置，防止外部用户未经允许访问计算机。

1. 设置防火墙

①在 Windows 桌面下方的搜索框中输入"控制面板"，在弹出的面板中选择"控制面板"选项，如图 1-7-7 所示，打开"所有控制面板项"对话框。

图 1-7-7　搜索"控制面板"

②单击"Windows Defender 防火墙",如图 1-7-8 所示,即打开防火墙对话框,单击左侧"启用或关闭 Windows Defender 防火墙",如图 1-7-9 所示。

图 1-7-8 打开防火墙

图 1-7-9 防火墙对话框

③选择"专用网络设置"下的"启用 Windows Defender 防火墙"选项和"公用网络设置"下的"启用 Windows Defender 防火墙"选项,单击"确定"按钮,即开启了防火墙,如图1-7-10 所示。

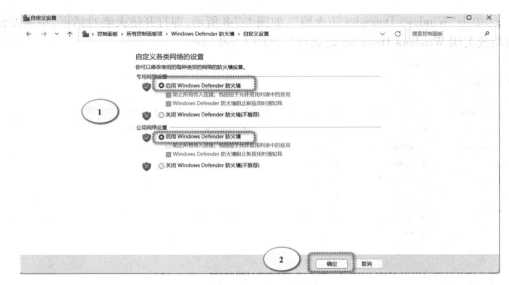

图 1-7-10　启用防火墙

2. 设置入站规则

①在防火墙对话框中，单击左侧的"高级设置"，打开"高级安全 Windows Defender 防火墙"对话框，单击左侧的"入站规则"→"新建规则"，如图 1-7-11 所示，打开"新建入站规则向导"对话框。

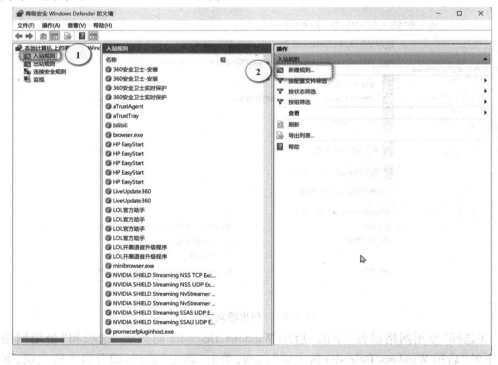

图 1-7-11　"高级安全 Windows Defender 防火墙"对话框

②在"新建入站规则向导"对话框中，选择"端口"选项，单击"下一页"按钮，如图
1-7-12 所示。

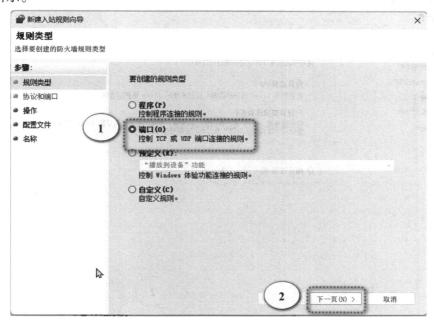

图 1-7-12 "新建入站规则向导"对话框

③打开"协议和端口"选项卡，选择"TCP"选项，选择"特定本地端口"选项，并在后面
的输入框中输入"443"，单击"下一页"按钮，如图 1-7-13 所示。

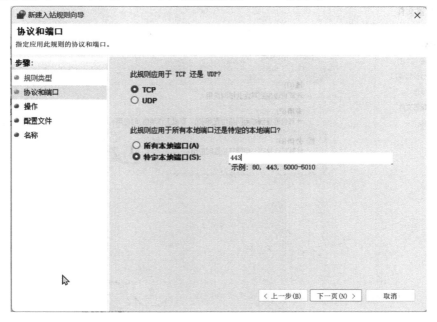

图 1-7-13 "协议和端口"选项卡

④打开"操作"选项卡，选择"阻止连接"选项，单击"下一页"按钮，如图 1-7-14 所示。

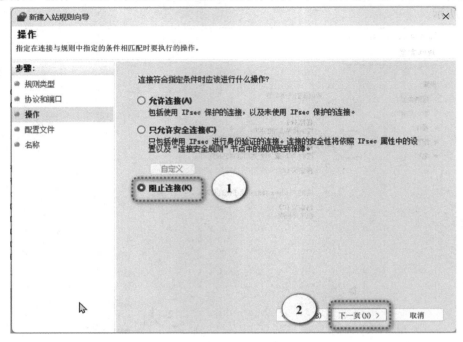

图 1-7-14 "操作"选项卡

⑤进入"配置文件"选项卡，选择"公用"选项，单击"下一页"按钮，如图 1-7-15 所示。

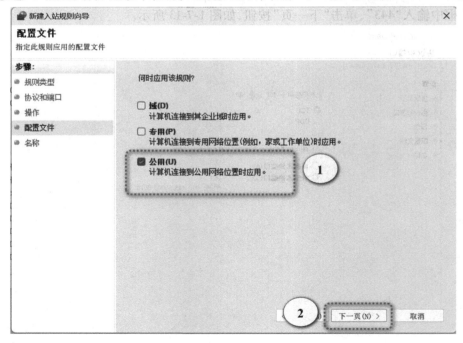

图 1-7-15 "配置文件"选项卡

⑥进入"名称"选项卡,将名称"访问规则"输入文本框中,单击"完成"按钮,如图1-7-16所示。返回"高级安全Windows Defender防火墙"对话框,可以看到刚刚新建的入站规则,如图1-7-17所示。

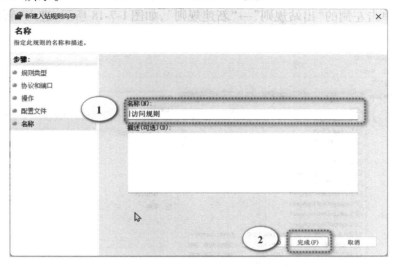

图 1-7-16 "名称"选项卡

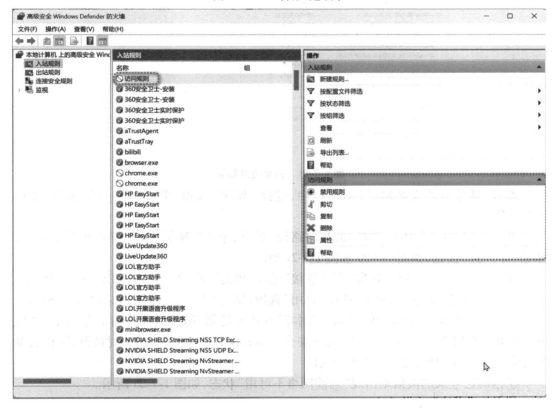

图 1-7-17 入站规则设置完毕

⑦如果不需要该规则,可以在右下方单击"删除",即可删除该规则。

3. 设置出站规则

①在防火墙对话框中单击左侧的"高级设置",打开"高级安全 Windows Defender 防火墙"对话框,单击左侧的"出站规则"→"新建规则",如图1-7-18所示,进入"新建出站规则向导"对话框。

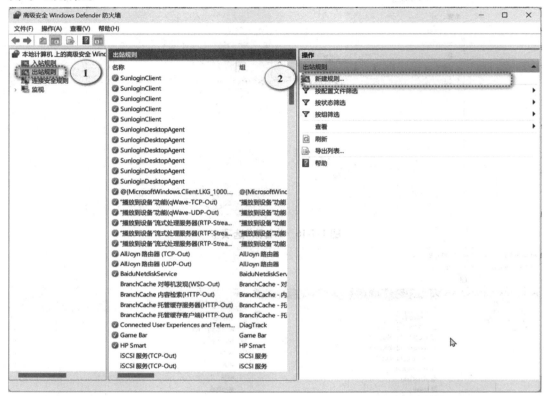

图 1-7-18　新建出站规则

②在"新建出站规则向导"对话框中,选择"程序"选项,单击"下一页"按钮,如图1-7-19所示。

③打开"程序"选项卡,选择"此程序路径"选项,单击"浏览"按钮,选择所需的程序,单击"下一页"按钮,如图1-7-20和图1-7-21所示。

④打开"操作"选项卡,选择"阻止连接"选项,单击"下一页"按钮,如图1-7-22所示。

⑤打开"配置文件"选项卡,选择"公用"选项,单击"下一页"按钮,如图1-7-23所示。

⑥打开"名称"选项卡,在"名称"文本框中输入名称"阻止微信传输信息",单击"完成"按钮,如图1-7-24所示。返回"高级安全 Windows Defender 防火墙"对话框,可以看到刚刚新建的出站规则,如图1-7-25所示。

⑦这时已登录的微信则出现"当前网络不可用"状态,如图1-7-26所示。

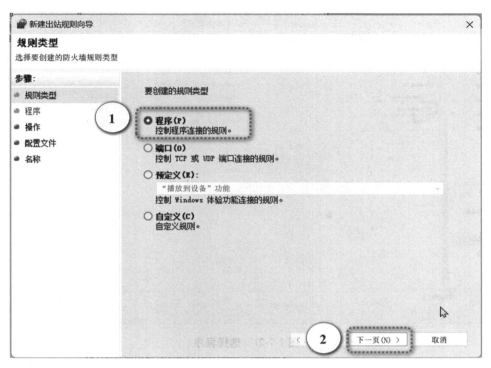

图 1-7-19 "新建出站规则向导"对话框

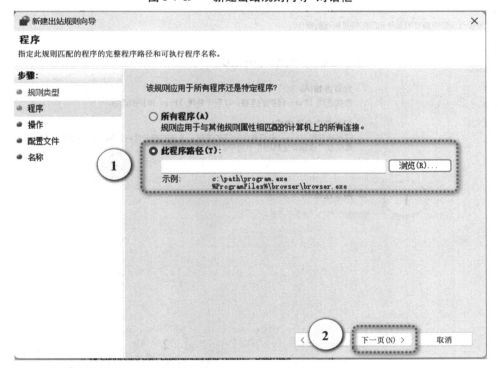

图 1-7-20 "程序"选项卡

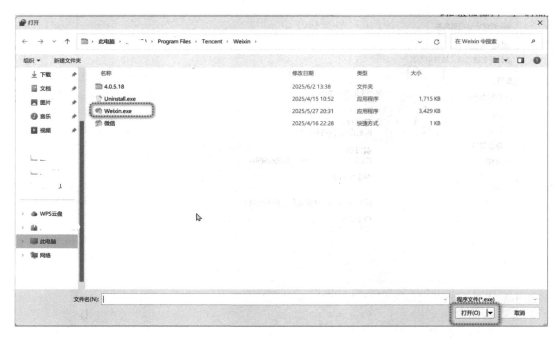

图 1-7-21　选择程序

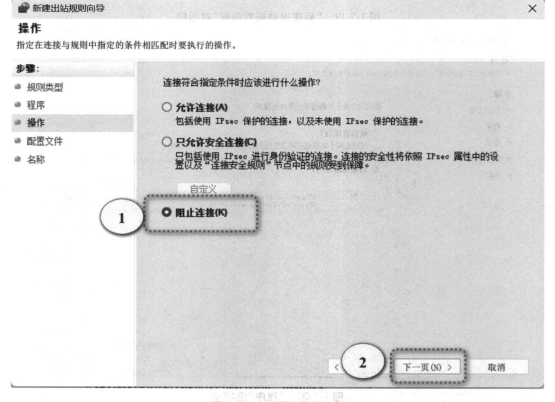

图 1-7-22　"操作"选项卡

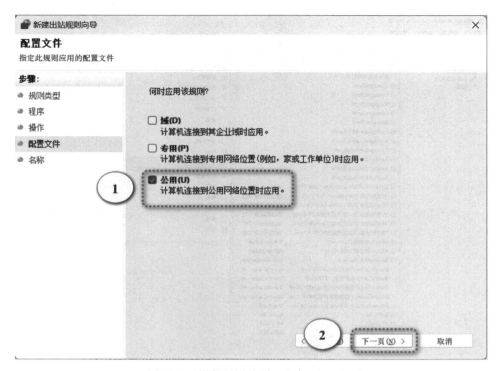

图 1-7-23 "配置文件"选项卡

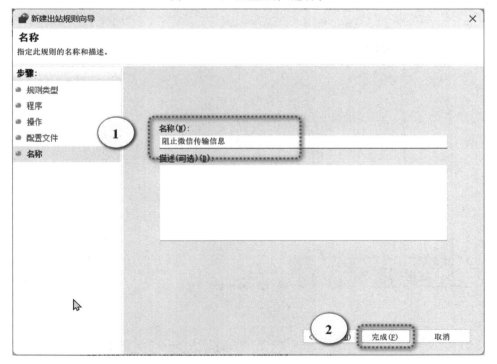

图 1-7-24 "名称"选项卡

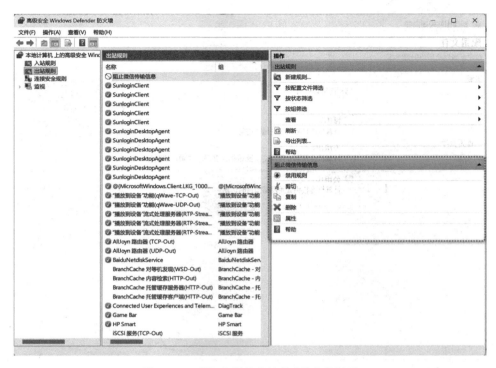

图 1-7-25 "阻止微信传输信息"出站规则

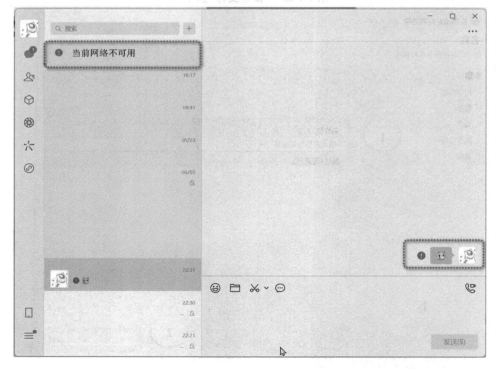

图 1-7-26 微信信息被成功阻止

实训三　Wi-Fi 安全检查

（一）实训目的

1. 掌握修改 Wi-Fi 密码的方法；
2. 了解排查网络中设备的方法；
3. 重视信息安全，培养保护计算机安全的意识。

（二）实训内容

Wi-Fi 是现代网络的核心入口之一，其安全性直接影响着每一个人的数字生活。然而据调查显示，仍然有较多家庭使用默认的路由器密码或者简单数字组合的 Wi-Fi 密码，其会导致三大典型风险：首先，简单的 Wi-Fi 密码容易被破解，进而可能被陌生人蹭网，不仅占用带宽导致网速下降，更可能成为攻击的目标；其次，未加密或者弱加密的网络传输会被黑客监听，使个人敏感信息泄露；最重要的是，随着智能家居的普及，不安全的 Wi-Fi 可能会让摄像头被偷窥、智能门锁遭破解，直接威胁人身和财产安全。因此，需要定期排查 Wi-Fi 的安全性，下面以 TP-LINK 路由器为例，进行 Wi-Fi 排查。

①在 Windows 桌面下方的搜索框中输入"cmd"，在弹出的面板中选择"命令提示符"选项，如图 1-7-27 所示，打开"命令提示符"对话框。

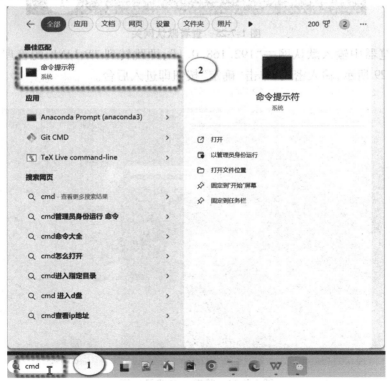

图 1-7-27　选择"命令提示符"选项

②在"命令提示符"对话框中输入"ipconfig"，找到"默认网关"，本地默认网关为"192.168.0.1"，如图 1-7-28 所示。

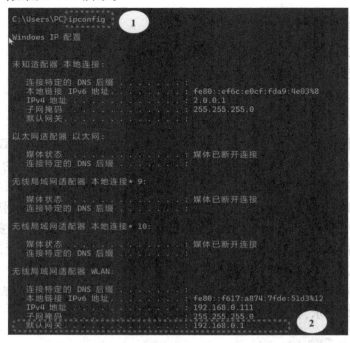

图 1-7-28　查看默认网关

③在浏览器中输入默认网关"192.168.0.1"，即跳转到 TP-LINK 的管理后台登录界面，如图 1-7-29 所示，输入密码，单击"确定"按钮即进入后台。

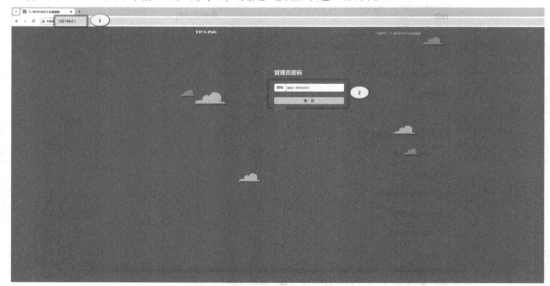

图 1-7-29　管理后台登录界面

④进入管理后台,确认"名称"和"密码","名称"不建议使用如"302 室 WI-FI",尽量使用中性词语,密码长度建议大于 12 位,包括数字、大小写字母以及特殊字符,如图 1-7-30 所示。

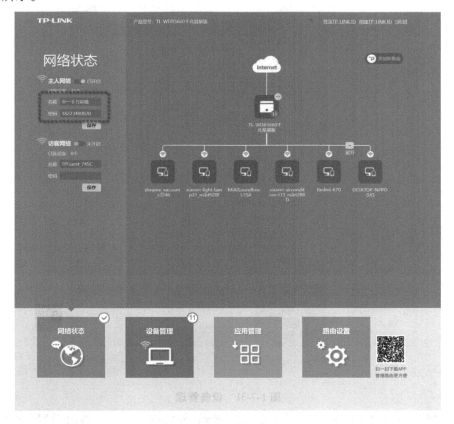

图 1-7-30 网络管理

⑤将"访客网络"启用,避免"主人网络"密码泄露,如图 1-7-31 所示。

⑥单击下方的"设备管理"按钮,进入"设备管理"页面。将后台的设备与家中的实际设备(手机、计算机、智能家电等)进行对比,如果发现可疑设备(如未知品牌手机/MAC 地址),则立即单击"禁用"并修改 Wi-Fi 密码。

⑦单击下方的"路由设置"按钮,进入"路由设置"界面,单击"无线设置",将"开启无线广播"复选框取消,单击"保存"按钮,则可以隐藏该路由器,如图 1-7-32 所示。在登录时,需要输入"无线名称"及"无线密码"。

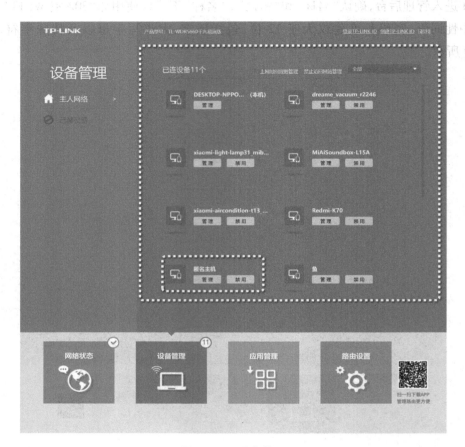

图 1-7-31　设备管理

⑧如果管理后台的登录密码仍然是初始密码，如"admin"，在"路由设置"界面中，单击"修改管理员密码"，输入"原登录密码""新登录密码""确认新登录密码"文本框内容，单击"保存"按钮，即修改了路由器的登录密码，如图 1-7-33 所示。

⑨路由器如果出现其连接设备连不上网的情况，可以单击"路由设置"界面中的"重启和恢复出厂"，先单击"重启路由器"按钮，如果还有问题，则单击"恢复出厂设置"按钮，如图 1-7-34 所示。

⑩如果无法通过管理后台重启路由器，可以使用物理方法重启路由器，长按路由器背面的"RESET"键，即可重启，如图 1-7-35 所示。

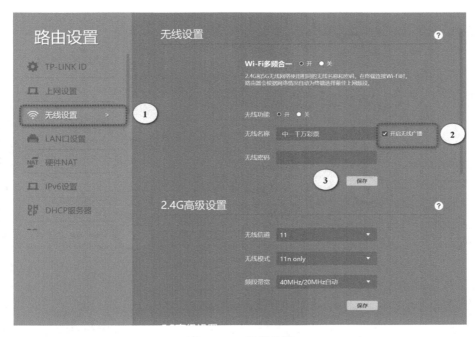

图 1-7-32 无线设置

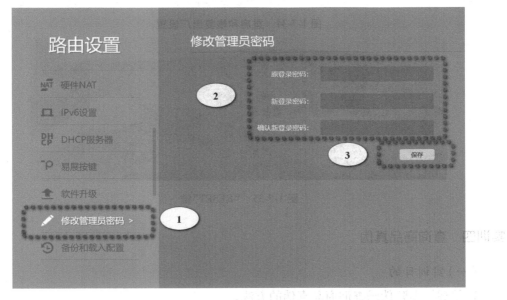

图 1-7-33 修改登录密码

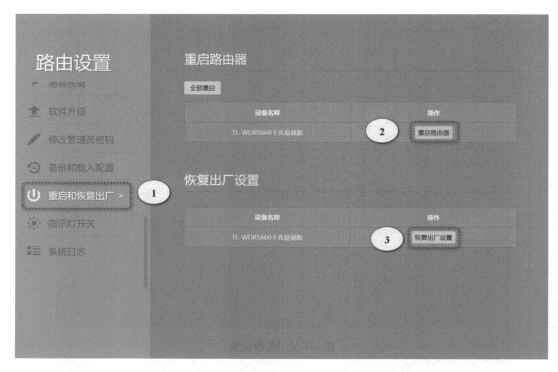

图 1-7-34　重启和恢复出厂设置

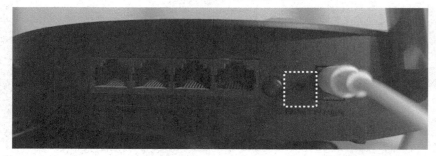

图 1-7-35　"RESET"键

实训四　查询商品真伪

（一）实训目的

1. 掌握根据防伪码查询商品真伪的方法；

2. 培养信息意识，不断提升自身信息素养。

（二）实训内容

①启动 Microsoft Edge 浏览器，在地址栏中输入网址"https：//www.cn12315.com"，然后按"Enter"键，打开"一码查·中国商品信息验证中心"官方网站，如图 1-7-36 所示。

图 1-7-36　"一码查·中国商品信息验证中心"官方网站

②选择"防伪查询"选项,然后在"请输入防伪码"文本框中输入商品防伪码,如图 1-7-37 所示。

图 1-7-37　输入商品防伪码

③单击"验证"按钮,即可看到查询结果,如图 1-7-38 所示。

④如看到查询的商品防伪码不存在,说明该商品可能是伪劣商品,还需进一步辨别其真伪。

图 1-7-38　查询结果界面

第二部分　习题

项目一　计算机基础知识

一、选择题

1. 1946 年首台电子数字计算机问世后,冯·诺依曼在研制 EDVAC 计算机时,提出两个重要的改进,它们是(　　)。

A. 采用二进制和存储程序控制的概念　　　B. 引入 CPU 和内存储器的概念

C. 采用机器语言和十六进制　　　　　　　D. 采用 ASCII 编码系统

2. 1949 年,世界上第一台(　　)计算机投入运行。

A. 存储程序　　　B. 微型　　　C. 人工智能　　　D. 巨型

3. 计算机之所以能按人们的意图自动进行工作,最直接的原因是因为采用了(　　)。

A. 二进制　　　　　　　　　　　B. 高速电子元件

C. 程序设计语言　　　　　　　　D. 存储程序控制

4. 计算机的硬件主要包括中央处理器、存储器、输出设备和(　　)。

A. 键盘　　　　B. 鼠标　　　　C. 输入设备　　　D. 显示器

5. 按电子计算机传统的分代方法,第一代至第四代计算机依次是(　　)。

A. 机械计算机、电子管计算机、晶体管计算机、集成电路计算机

B. 晶体管计算机、集成电路计算机、大规模集成电路计算机、光器件计算机

C. 电子管计算机、晶体管计算机、小、中规模集成电路计算机、大规模和超大规模集成电路计算机

D. 手摇机械计算机、电动机械计算机、电子管计算机、晶体管计算机

6. 现代微型计算机中所采用的电子器件是(　　)。

A. 电子管　　　　　　　　　　　B. 晶体管

C. 小规模集成电路　　　　　　　D. 大规模和超大规模集成电路

7. 英文缩写 CAI 的中文意思是(　　)。

A. 计算机辅助教学　　　　　　　B. 计算机辅助制造

C. 计算机辅助设计　　　　　　　D. 计算机辅助管理

8. 在微机的配置中常看到"P4 2.4G"字样,其中数字"2.4G"表示(　　)。

A. 处理器的时钟频率是 2.4 GHz

B. 处理器的运算速度是 2.4 GIPS

C. 处理器是 Pentium 4 第 2.4 代

D. 处理器与内存间的数据交换速率是 2.4 GB/S

9. 下列关于存取存储器（RAM）的叙述中，正确的是（　　　）。

A. 存储在 SRAM 或 DRAM 中的数据在断电后将全部丢失且无法恢复

B. SRAM 的集成度比 DRAM 高

C. DRAM 的存取速度比 SRAM 快

D. DRAM 常用来作为 Cache

10. 高级程序设计语言的特点是（　　　）。

A. 高级语言的数据结构丰富

B. 高级语言与具体的机器结构密切相关

C. 高级语言接近算法语言不易掌握

D. 用高级语言编写的程序，计算机可立即执行

11. 解释程序的功能是（　　　）。

A. 解释执行汇编语言程序　　　　　　　　B. 解释执行高级语言程序

C. 将汇编语言程序解释成目标程序　　　　D. 将高级语言程序解释成目标程序

12. 十进制数 100 转换成无符号二进制整数是（　　　）。

A. 110101　　　　　　　B. 1101000　　　　　　C. 1100100　　　　　　D. 1100110

13. 在 ASCII 码表中，根据码值由小到大的排列顺序是（　　　）。

A. 空格字符、数字符、大写英文字母、小写英文字母

B. 数字符、空格字符、大写英文字母、小写英文字母

C. 空格字符、数字符、小写英文字母、大写英文字母

D. 数字符、大写英文字母、小写英文字母、空格字符

14. 以 . wav 为扩展名的文件通常是（　　　）。

A. 文本文件　　　　　　　　　　　　　　B. 音频信号文件

C. 图像文件　　　　　　　　　　　　　　D. 视频信号文件

15. 一般说来，数字化声音的质量越高，则要求（　　　）。

A. 量化位数越少、采样率越低　　　　　　B. 量化位数越多、采样率越高

C. 量化位数越少、采样率越高　　　　　　D. 量化位数越多、采样率越低

二、操作题

1. 打开"计算器"

通过"开始"菜单打开"计算器"，然后再关闭"计算器"。

2. 创建快捷方式

利用快捷方式向导，在桌面上为文件夹"C：Program Files＼WindowsNT＼Accessories"中的"wordpad. exe"创建名为"写字板"的快捷方式。

方法一：在桌面上单击鼠标右键，弹出快捷菜单，选择"新建"→"快捷方式"，打开"创建快捷方式"窗口。单击"浏览"按钮，打开浏览文件夹，依次找到"C：＼ProgramFiles＼Win-dowsNT＼Accessories＼wordpad. exe"，单击"确定"按钮，返回"创建快捷方式"窗口。单击

"下一步"按钮,选择程序,输入"写字板"作为快捷方式的名称,完成操作。

方法二:找到"C:\Program FilelWindows NT\Accessories"文件夹中的"wordpad. exe",右击,选择"发送到"→"桌面快捷方式"命令。再在桌面上找到对应的快捷方式,重命名为"写字板"。

3.输入特殊字符

打开"写字板"程序,输入特殊符号"＊#06#",然后保存在 C 盘根目录中,命名为"手机符号",然后关闭文件退出。打开刚建立的文件"手机符号",在其中继续输入以下字符(常用手机符号):

:)(微笑简版) :((悲伤简版) :P(吐舌头) ;-)(眼微笑) :D(张嘴大笑) :=)(更大的鼻子) 8-)(戴眼镜的) #:-)(头发乱蓬蓬的)^-^ (弯眉毛)^o^(张着嘴笑)^_ ~(半睁着眼) >_<(气恼的)

4.创建文件夹

在桌面上创建"学号+姓名"的文件夹,如"20240101 余丽丽"。将以上第 2、3 题所产生的文件全部放到"学号+姓名"的文件夹里。

项目二　文档制作

一、选择题

1. 下列关于 WPS 文字的描述,错误的是(　　　)。

A. WPS 文字是一种文字处理软件

B. WPS 文字可以编辑、排版和打印文档

C. WPS 文字只能处理纯文本文档

D. WPS 文字支持多种字体、字号和颜色

2. 在 WPS 文字中,以下哪种操作可以快速删除选中的文字?(　　　)

A. 按"Delete"键　　　　　　　　　　　B. 按"Ctrl+X"键

C. 按"Ctrl+C"键　　　　　　　　　　　D. 按"Ctrl+V"键

3. 在 WPS 文字中,以下哪种操作可以设置文字的字体、字号和颜色?(　　　)

A. 单击"格式"菜单中的"字体"选项

B. 单击"开始"菜单中的"字体"选项

C. 单击"工具"菜单中的"字体"选项

D. 单击"视图"菜单中的"字体"选项

4. 在 WPS 文字中,以下哪种操作可以设置文字的行距?(　　　)

A. 单击"格式"菜单中的"段落"选项

B. 单击"开始"菜单中的"段落"选项

C. 单击"工具"菜单中的"段落"选项

D. 单击"视图"菜单中的"段落"选项

5. 在 WPS 文字中,以下哪种操作可以设置文字的段落缩进?(　　　)

A. 单击"格式"菜单中的"段落"选项

B. 单击"开始"菜单中的"段落"选项

C. 单击"工具"菜单中的"段落"选项

D. 单击"视图"菜单中的"段落"选项

6. 在 WPS 文字中,以下哪种操作可以插入表格?(　　　)

A. 单击"插入"菜单中的"表格"选项

B. 单击"开始"菜单中的"表格"选项

C. 单击"工具"菜单中的"表格"选项

D. 单击"视图"菜单中的"表格"选项

7. 在 WPS 文字中,以下哪种操作可以设置表格的边框和底纹?(　　　)

A. 单击"格式"菜单中的"表格"选项

B. 单击"开始"菜单中的"表格"选项

C. 单击"工具"菜单中的"表格"选项

D. 单击"视图"菜单中的"表格"选项

8. 在 WPS 文字中,以下哪种操作可以插入图片?(　　)

A. 单击"插入"菜单中的"图片"选项

B. 单击"开始"菜单中的"图片"选项

C. 单击"工具"菜单中的"图片"选项

D. 单击"视图"菜单中的"图片"选项

9. 在 WPS 文字中,以下哪种操作可以设置图片的格式?(　　)

A. 单击"格式"菜单中的"图片"选项

B. 单击"开始"菜单中的"图片"选项

C. 单击"工具"菜单中的"图片"选项

D. 单击"视图"菜单中的"图片"选项

10. 在 WPS 文字中,以下哪种操作可以插入超链接?(　　)

A. 单击"插入"菜单中的"超链接"选项

B. 单击"开始"菜单中的"超链接"选项

C. 单击"工具"菜单中的"超链接"选项

D. 单击"视图"菜单中的"超链接"选项

二、简单排版题

打开素材"母亲节的来源",按要求排版文档。

要求:

(1)将标题设置为"隶书、二号字、居中、倾斜"。

(2)将正文字体设置为"小四号"。

(3)将正文段落文字设置为首行缩进 2 字符、1.5 倍行距。

(4)将文档中所有的"母亲"两字都设置为标准蓝色。

(5)将纸张大小设置为"A4",上、下、左、右边距均设置为"3 厘米"。

(6)插入页眉,文字设置为"母亲节的来源"。

三、中难度排版题

打开素材"中国书法",按要求排版文档。

要求:

(1)清除文档中的手动换行符以及多余的段落标记。

(2)清除文档中多余的空格,包括全角与半角的空格。(提示:用"查找替换"功能完成)

(3)应用样式,按下表的要求将各样式用于指定的文本内容。

样式名称	应用于
标题	文档中的第一行文字
标题 1	所有带($$$)符号的行

续表

样式名称	应用于
标题 2	所用带（***）符号的行
列出段落	其余的内容

（4）页面颜色设置为紫色。

（5）修改"标题1"样式，取消文字的"加粗"格式，段前段后间距各为6磅、单倍行距。

四、高难度排版题

打开素材"贝多芬"，按要求排版文档。

要求：

（1）设置纸张大小为"16开"，页边距为"适中"。

（2）在文档中插入恰当的封面页，输入文档标题"贝多芬"，删除多余的信息。

（3）在"［此处插入目录］"处，插入目录（"自动目录1"）。

（4）在标题"贝多芬简介"之前插入分节符（下一页）。

（5）为正文节插入页眉，内容是"贝多芬简介"，且要求封面和目录部分无页眉。

（6）为正文节页脚插入页码，要求起始页码为字母"a"，且要求封面和目录部分无页码。

（7）更新目录，确保文档结构正确，保存文档。

五、综合操作题

1. 打开素材"关于网络报修线上服务运行的通知"，按要求进行排版。

（1）将文档标题"关于网络报修线上服务运行的通知"设置为"黑体、二号"，对齐方式设置为"居中对齐"，段前、段后间距均设置为"1"行。

（2）将文档正文所有段落（自"各二级单位"至"2021年3月26日"）的字体样式设置为"仿宋、四号"，段落行距设置为2倍行距。

（3）将文档正文第一段"各二级单位："的字体加粗。

（4）将文档正文第二段至第五段（自"为提升广大师生网络服务体验"起至"点击'立即提交'即可。"），设置成首行缩进2字符。

（5）将文档最后两段（即"网络中心"和"2021年3月26日"两个段落）的段落对齐方式设置为"右对齐"。

（6）为文档第三段中出现的网址"http://e.rzpt.cn"的字体加粗，并添加"双实线型"下画线，下画线颜色设置为"红色"。

（7）在文档正文第三段（"1.用户登录统一身份认证平台"所在段）段后插入图片（素材"门户首页.jpg"），将图片的环绕方式设置为"上下型环绕"。

（8）在文档正文第四段（"2.点击'网络服务维修'"所在段）段后插入图片（素材"服务大厅.jpg"），将图片的环绕方式设置为"上下型环绕"。

（9）在文档正文第五段（"3.填写'姓名'"所在段）段后插入图片（素材"网络报修.

jpg"),将图片的环绕方式设置为"上下型环绕"。

（10）对整篇文档进行页面设置：

①页边距设置为：上、下边距为"2厘米"，左、右边距为"2.5厘米"；

②设置页眉顶端距离为"1厘米"，页脚底端距离为"1.5厘米"。

2. 打开素材"WPS+教学办公一体化平台立项报告"，按要求进行排版。

（1）将文档题目的格式设置为"黑体、二号、加粗、居中"。

（2）将文档正文的格式设置为"宋体、小四号，西文及数字使用小四号 Times New Roman 字体，1.5倍行距，首行缩进2个字符"。

（3）使用样式设计各级标题，具体要求如下：

①将文档中的蓝色字体设为一级标题，格式为"黑体、三号、无缩进"。

②将文档中的红色字体设为二级标题，格式为"黑体、四号、无缩进"。

③将文档中的绿色字体设为三级标题，格式为"宋体、小四号、无缩进"。

（4）设计应用标题样式后，使用分节符将目录和正文分节，在文档题目之后、正文之前插入目录，包含三级标题。

（5）在文档中的紫色字体前插入项目符号●。

（6）为文档插入页码，从正文开始，格式为"1"，放在页脚处居中显示。

3. 打开素材"建设全融合校园数据中心平台让高校大数据'说话'"，按要求进行排版。

（1）论文题目及摘要的格式要求如下：

①论文题目：二号黑体（不加粗），居中。

②摘要正文：五号宋体（不加粗），两端对齐。

（2）将文档正文的格式设置为"小四号、宋体、不加粗，西文及数字使用小四号 Times New Roman 字体，行间距为固定值24磅，两端对齐，首行缩进2字符"。

（3）使用样式设计各级标题，具体要求如下：

①将文档中的蓝色字体设为一级标题，格式为"三号、黑体、不加粗，靠左对齐，段前段后各空1行，无缩进"。

②将文档中的红色字体设为二级标题，格式为"小四号、黑体、不加粗，靠左对齐，段前空1行，段后空0行，无缩进"。

（4）设计应用标题样式后，在文档题目之后、正文之前插入目录，包含2级标题，插入分页符使论文题目和目录作为封面单独占一页，正文另起一页。

（5）为论文中的图添加题注"图"，位于图下方，格式为"五号、宋体、不加粗、居中"。编号格式为"章序号"—"图在章节中的序号"，即题注编号为"图3-1"。图的题注内容为"全融合校园数据中心平台的系统架构图"。

（6）对文档中的紫色字体按以下要求排版：

①参考文献内容为"五号、宋体、不加粗、靠左对齐"。

②为参考文献添加序号，格式为"［1］，［2］，［3］…"。

项目三　电子表格

一、选择题

1. 下列关于 WPS 表格的描述,错误的是(　　　)。

A. WPS 表格是一种电子表格软件

B. WPS 表格可以创建、编辑和打印表格

C. WPS 表格只能处理纯文本表格

D. WPS 表格支持多种数据格式

2. 在 WPS 表格中,以下哪种操作可以快速删除选中的单元格?(　　　)

A. 按"Delete"键　　　　　　　　　　　　B. 按"Ctrl+X"键

C. 按"Ctrl+C"键　　　　　　　　　　　　D. 按"Ctrl+V"键

3. 在 WPS 表格中,以下哪种操作可以设置单元格的字体、字号和颜色?(　　　)

A. 单击"格式"菜单中的"单元格"选项

B. 单击"开始"菜单中的"单元格"选项

C. 单击"工具"菜单中的"单元格"选项

D. 单击"视图"菜单中的"单元格"选项

4. 在 WPS 表格中,以下哪种操作可以设置单元格的边框和底纹?(　　　)

A. 单击"格式"菜单中的"单元格"选项

B. 单击"开始"菜单中的"单元格"选项

C. 单击"工具"菜单中的"单元格"选项

D. 单击"视图"菜单中的"单元格"选项

5. 在 WPS 表格中,以下哪种操作可以插入图表?(　　　)

A. 单击"插入"菜单中的"图表"选项

B. 单击"开始"菜单中的"图表"选项

C. 单击"工具"菜单中的"图表"选项

D. 单击"视图"菜单中的"图表"选项

6. 在 WPS 表格中,以下哪种操作可以设置图表的格式?(　　　)

A. 单击"格式"菜单中的"图表"选项

B. 单击"开始"菜单中的"图表"选项

C. 单击"工具"菜单中的"图表"选项

D. 单击"视图"菜单中的"图表"选项

7. 在 WPS 表格中,以下哪种操作可以插入公式?(　　　)

A. 单击"插入"菜单中的"公式"选项

B. 单击"开始"菜单中的"公式"选项

C. 单击"工具"菜单中的"公式"选项

D. 单击"视图"菜单中的"公式"选项

8. 在 WPS 表格中,以下哪种操作可以设置公式的格式?(　　　)

A. 单击"格式"菜单中的"公式"选项

B. 单击"开始"菜单中的"公式"选项

C. 单击"工具"菜单中的"公式"选项

D. 单击"视图"菜单中的"公式"选项

9. 在 WPS 表格中,以下哪种操作可以设置表格的格式?(　　　)

A. 单击"格式"菜单中的"表格"选项

B. 单击"开始"菜单中的"表格"选项

C. 单击"工具"菜单中的"表格"选项

D. 单击"视图"菜单中的"表格"选项

10. 在 WPS 表格中,以下哪种操作可以设置表格的边框和底纹?(　　　)

A. 单击"格式"菜单中的"表格"选项

B. 单击"开始"菜单中的"表格"选项

C. 单击"工具"菜单中的"表格"选项

D. 单击"视图"菜单中的"表格"选项

二、操作题

1. 制作工资表

打开素材"制作工资表",按要求排版文档。

要求:

(1)将标题 A1:F1 单元格区域设置为"合并居中",字体设置为"方正舒体、加粗、18磅";将其他字体设置为"华文仿宋、12 磅、水平、垂直居中"。

(2)将除标题以外的所有数据添加内部、外部边框,外边框为双实线,边框颜色为"黑色,文本 1",内边框为单细线,边框颜色为"黑色,文本 1"。

(3)利用函数 SUM 计算每位职工的工资总额。

(4)利用条件格式在 F3:F17 单元格区域中,将大于 1 000 元的工资总额设置为"浅红填充色深红色文本"。

2. 制作统计表

打开素材"支出收入统计表",按要求排版文档。

要求:

(1)在"1. 简单公式与函数"工作表中完成公式和函数的计算,效果如"YEXCEL8A. PDF"所示,要求如下:

①完成表中"账户余额"列 D3:D74 数据的计算,其中,当前的余额=上一行余额+本行收入-本行支出。例如:D3 = D2+C3-B3。

②用相应函数计算当前工作表右侧的"支出统计"数据,分别使用 SUM、MAX、MIN 函数计算出左侧账户情况表的"支出总额""最大支出额""最小支出额"。

（2）筛选

在"2. 筛选"工作表中，完成自动筛选，效果如"YEXCEL8A. PDF"所示，要求如下：用自动筛选筛选出摘要为"管道煤气费"的全部数据。

（3）在"3. 图表"工作表中，制作图表，效果如"YEXCEL8A. PDF"所示，要求如下：

①用当前工作表的"项目"和"金额"数据制作图表。

②图表类型选择"柱形图"→"簇状柱形图"。

③让图表作为对象位于当前工作表 A8 单元格开始的位置上。

④图表标题为"支出项目汇总情况图"，图标显示数据标签，图表样式为"样式4"。

三、高难度排版题

打开素材"全国主要城市 PM2.5 统计"，按要求排版文档。

要求：

（1）在"简单公式与函数"工作表中完成统计表格中带底纹单元格中的计算，使用的函数可参见标注。结果如"YEXCEL7B. PDF"所示，要求如下：

①利用 MAX 函数计算所有城市中的 PM2.5 的最高值。

②利用 MIN 函数计算所有城市中的 PM2.5 的最低值。

③利用 AVERAGE 函数计算所有城市中的 PM2.5 的平均值，保留一位小数。

④利用 COUNTA 函数统计城市列表中的城市总数。

（2）在"排序"工作表中，按 PM2.5 指数的升序排列数据表中的各条记录，结果如"YEXCEL7B. PDF"所示。

（3）在"高级函数"工作表中完成统计表格中带底纹单元格中的计算，使用的函数可参见标注。结果如"YEXCEL7B. PDF"所示，要求如下：

①根据"空气质量等级与 PM2.5 指数对应表"中给出的条件，利用 IF 函数完成"空气质量描述"列中单元格的填充。

②利用 COUNTIF 函数完成"统计"表格中带底纹单元格的填充，即统计出各个空气质量等级的城市个数。

③当在 G18 单元格中选择一个城市（成都）时，利用 VLOOKUP 函数找出对应城市的 PM2.5 指数，并将其填充在 G19 单元格中。

四、综合操作题

1. 打开素材"房地产投资"，按要求进行操作。

（1）打开"（1）八大经济区域"工作表，根据给出的资料，以"所属经济区域"为关键字，按照 C2：C9 单元格区域的顺序对 A1：B31 单元格区域进行排序。

（2）打开"（2）房地产开发投资投资情况"工作表，查找数据"31788.07"，按照举例的格式，将结果依次填在 O8、P7 单元格。

（3）打开"（3）房地产开发投资投资数据透视表"工作表，完成以下操作：

①在现有工作表的 F17 单元格建立数据透视表，字段按顺序，依次选择"期间""房地产住宅投资累计值（亿元）区""房地产办公楼投资累计值（亿元）""房地产商业营业用房

投资累计值(亿元)""其他房地产投资累计值(亿元)""房地产投资累计值(亿元)"。

②对 F18:F29 单元格区域进行组合,取消"月",选择"季"。

③将"房地产住宅投资累计值(亿元)区""房地产投资累计值(亿元)"值字段设置值汇总方式为"平均值"。

(4)根据"(4)房地产销售额"工作表,完成以下操作:

①复制 B 列数据到 F 列;删除 F 列的重复项;对 F 列进行"升序"排序。

②计算销售员"商品房现房销售额累计值(元)"。

③计算销售员"商品房期房销售额累计值(元)"。

④计算销售员"总销售额"。

⑤确定销售等级,"总销售额>40 000 000"的为"黄金之星","总销售额>28 000 000"的为"白银之星",其余为"普通之星"。

(5)根据"(5)理财笔记"工作表,完成以下操作:

①按"天"计算各理财产品的"持有时间"。

②设置表格区域为不可修改,保护工作表,保护密码为"123"。

2. 打开素材"房地产投资",按要求进行操作。

(1)打开"菜系与菜品"工作表,以"菜系"为关键字,按照 D2:D9 单元格区域的顺序对 A1:B20 单元格区域进行自定义排序。

(2)打开"点餐次数统计表"工作表,完成以下操作:

①筛选"星期三""川菜"的点餐情况,并将点餐结果复制到 K8:K12 单元格区域。

②点餐次数超过或等于 80 次的菜品属于招牌菜,根据点餐次数判断是否是招牌菜,然后用文字"是"或"否"填写在 E2:E100 单元格区域。

③统计点餐次数超过 90 次的记录,并将结果填写在 I15 单元格。

(3)打开"菜系大赛"工作表,完成以下操作:

①以"2021-7-27"为开始日期,根据表格里的"比赛时间",以"天"为单位计算备赛时间,将计算结果填入到 C2:C9 单元格区域。

②根据"考核菜系及菜品"信息,通过函数去掉菜系内容只保留"菜品"名称,填写到菜品列中(E2:E41),举例如下:

考核菜系及菜品	菜品
鲁菜清蒸加吉鱼	清蒸加吉鱼

(4)根据"插入组合图"工作表,完成以下操作:

①选择 A1:I3 单元格区域的数据,插入组合图,要求:设置"1 月点餐次数"为"簇状柱形图","2 月点餐次数"为"折线图",设置"2 月点餐次数"为次坐标。

②设置柱形图的数据标签样式为"数据标签外",设置折线图的数据标签样式为"数据标签居中"。

(5)根据"隐藏信息"工作表,完成以下操作:

①将 C 列隐藏。

②隐藏 B 列的公式为不可见、不可改,选择 B 列带公式的数据设置隐藏和锁定,并将工作表保护密码设置为"123"。

3.打开素材"兴趣班",按要求进行操作。

(1)打开"兴趣班上课统计表"工作表,根据给出的资料,完成以下操作:

①以"书法课"为主要关键字,对"绘画课""音乐课"顺序设置次要关键字,排序次序均为降序,完成排序。

②完成排序后,使用高级筛选功能,按照 H7:H8 单元格区域给出的条件,在 H10:L17 单元格区域筛选出"音乐课>6"的记录。

(2)打开"兴趣班收费统计表"工作表,完成以下操作:

①将表格中的年份"2021 年"替换为"2020 年"。

②根据 H7:J9 单元格区域给出的收费情况,计算"熊月辰"的书法课费用、"杨大同"的绘画课费用、"黑西西"的音乐课费用,并将结果依次填入 I12、I14、I16 单元格。

(3)打开"拆分姓名"工作表,完成以下操作:使用文本函数将姓名分拆。

(4)根据"组合图"工作表,完成以下操作:

①设置"书法课"为"簇状柱形图","绘画课"为"折线图",设置"绘画课"为次坐标。

②为柱形图添加"数据标签"→"数据标签外",折线图添加"数据标签"→"居中"。

(5)根据"允许用户编辑"工作表,完成以下操作:将 3 月书法课数据"106"修改为"126",6 月绘画课数据"108"修改为"88"。(工作表保护密码为"123")

4.打开素材"综合工作",按要求进行操作。

(1)在"(1)诗词与花"工作表中完成以下操作:

①根据诗词中涉及的花,使用数据有效性完成 B2:B20 单元格区域的录入。

②按照目标序列排序。

(2)在"(2)销售业绩"工作表中完成以下操作:

①按部门汇总销售业绩,并将结果填写在 G4:G6 单元格区域。

②统计业绩超过 5 万的销售员的人数。

③使用函数进行销售等级判断:业绩>7 万的,被评为"顶级销售";业绩<4 万的,被评为"一般销售";其余为"中级销售"。

(3)在"(3)查找重复数据"工作表中完成以下操作:用数据对比的方法在 A2:A43 单元格区域中,将重复的数值用橙色标记出来。

(4)在"(4)数据透视表"工作表中完成以下操作:

①在现有工作表的 M1 单元格创建数据透视表。

②按顺序勾选"时间""产品""姓名""销售额"字段。

③将"时间"字段,取消"月",组合为"季"。

④将"时间"和"产品"设为筛选器,并显示第三季度"绿源电动车"的销售情况。

(5)根据"(5)隐藏"工作表资料,隐藏"名次"列。

项目四 演示文稿

一、选择题

1. 下列关于 WPS 演示的描述,错误的是( )。

A. WPS 演示是一种演示文稿软件

B. WPS 演示可以创建、编辑和播放演示文稿

C. WPS 演示只能处理纯文本演示文稿

D. WPS 演示支持多种多媒体元素

2. 在 WPS 演示中,以下哪种操作可以快速删除选中的幻灯片?( )

A. 按"Delete"键　　　　　　　　　　B. 按"Ctrl+X"键

C. 按"Ctrl+C"键　　　　　　　　　　D. 按"Ctrl+V"键

3. 在 WPS 演示中,以下哪种操作可以设置幻灯片的背景颜色?( )

A. 单击"格式"菜单中的"背景"选项

B. 单击"开始"菜单中的"背景"选项

C. 单击"工具"菜单中的"背景"选项

D. 单击"视图"菜单中的"背景"选项

4. 在 WPS 演示中,以下哪种操作可以设置幻灯片的字体、字号和颜色?( )

A. 单击"格式"菜单中的"字体"选项

B. 单击"开始"菜单中的"字体"选项

C. 单击"工具"菜单中的"字体"选项

D. 单击"视图"菜单中的"字体"选项

5. 在 WPS 演示中,以下哪种操作可以插入图片?( )

A. 单击"插入"菜单中的"图片"选项

B. 单击"开始"菜单中的"图片"选项

C. 单击"工具"菜单中的"图片"选项

D. 单击"视图"菜单中的"图片"选项

6. 在 WPS 演示中,以下哪种操作可以设置图片的格式?( )

A. 单击"格式"菜单中的"图片"选项

B. 单击"开始"菜单中的"图片"选项

C. 单击"工具"菜单中的"图片"选项

D. 单击"视图"菜单中的"图片"选项

7. 在 WPS 演示中,以下哪种操作可以插入超链接?( )

A. 单击"插入"菜单中的"超链接"选项

B. 单击"开始"菜单中的"超链接"选项

C. 单击"工具"菜单中的"超链接"选项

D.单击"视图"菜单中的"超链接"选项

8.在 WPS 演示中,以下哪种操作可以设置幻灯片的动画效果?（　　）

A.单击"格式"菜单中的"动画"选项

B.单击"开始"菜单中的"动画"选项

C.单击"工具"菜单中的"动画"选项

D.单击"视图"菜单中的"动画"选项

9.在 WPS 演示中,以下哪种操作可以设置幻灯片的切换效果?（　　）

A.单击"格式"菜单中的"切换"选项

B.单击"开始"菜单中的"切换"选项

C.单击"工具"菜单中的"切换"选项

D.单击"视图"菜单中的"切换"选项

10.在 WPS 演示中,以下哪种操作可以设置幻灯片的格式?（　　）

A.单击"格式"菜单中的"幻灯片"选项

B.单击"开始"菜单中的"幻灯片"选项

C.单击"工具"菜单中的"幻灯片"选项

D.单击"视图"菜单中的"幻灯片"选项

二、简单难度排版题

打开素材"国宝大熊猫",按要求排版文档。

要求：

（1）在最后添加一张幻灯片,设置其版式为"标题",在主标题区输入文字"THE END"（不包括引号）。

（2）设置页脚,使除标题版式幻灯片外,所有幻灯片（即第二至六张）的页脚文字为"国宝大熊猫"（不包括引号）。

（3）为"作息制度"所在幻灯片中的表格对象设置动画效果"自右侧擦除"。

（4）将"大熊猫现代分布区"所在幻灯片的文本区,设置行距为"1.2"行。

三、中难度排版题

打开素材"简历制作常识",按要求排版文档。

要求：

（1）在第一张幻灯片（标题：简历制作常识）中将版式改为标题幻灯片。

（2）为演示文稿设置设计模板（样式任选）。

（3）为第三、四张幻灯片设置"擦除"型切换,参数为默认参数。

（4）选择第六张幻灯片（标题：雇主硬性指标的标准）的内容文字,将文本转换为"垂直项目符号列表"型的智能图形。

（5）在第七张幻灯片的右下角插入"TPPT8_1.jpg"图片。

（6）在第二张幻灯片右下角插入"TPPT8_2"图片,并将图片设置为"进入"→"飞入"动画效果。

四、高难度排版题

打开素材"如何阅读一本书",按要求排版文档。

要求:

(1)在第一张幻灯片(标题:如何阅读一本书)的副标题占位符中输入"How to Read a Book"。

(2)将第二张幻灯片(标题:目录)更改版式为"标题和内容"。

(3)为所有幻灯片应用"澳斯汀"主题。

(4)在第一张幻灯片的左边插入图片"TPPT6_1.jpg",调整图片放置的位置并且设置图片样式为"旋转,白色",效果参看样例。

(5)设置第三张幻灯片的切换效果为"揭开",相关的效果参数采用默认即可。

(6)选择第九张幻灯片(标题:读书的金字塔)的内容文字,将文本转换为"棱锥型列表"型的 SmartArt 图,并设置 SmartArt 样式为"三维"→"卡通"效果。

(7)为第五张幻灯片(标题:检视阅读)中的图片设置"强调"→"跷跷板"动画效果。

(8)为第二张幻灯片中的文字"主题阅读"制作超链接,当放映演示文稿时能链接到演示文稿中标题为"主题阅读"的幻灯片上。

五、综合操作题

1.打开素材"平行四边形",按要求进行操作。

(1)幻灯片大小选择"标准(4∶3)",选择"确保合适"选项。

(2)在第一张幻灯片中,插入预设样式为"渐变填充-钢蓝"的艺术字作为标题,标题内容为"平行四边形"。

(3)幻灯片背景设置为纯色填充"亮天蓝色,着色1,浅色60%",并应用到全部幻灯片。

(4)第一张幻灯片的切换动画设为"淡出",效果为"无声音、自动换片"。标题进入动画设为"飞入",效果为"自底部、非常快"。

(5)针对第二张幻灯片的标题"平行四边形的性质",设置字体为"黑体、加粗、黄色",字号为"36"。

(6)在第二张幻灯片中插入4个横向文本框,分别输入的内容:"两组对边平行且相等""两组对角大小相等""相邻的两个角互补""对角线互相平分"。字体设置为"楷体、字号28"。

(7)将4个横向文本框组合成一个对象,为对象设置进入动画"百叶窗",效果为"方向:垂直,速度:快速"。

(8)在第二张幻灯片右侧插入"喇叭.png"图片,并适当调整大小,为其设置进入动画"飞入"。

2.打开素材"红楼咏菊诗",按要求进行操作。

(1)编辑母版,给所有幻灯片添加背景,背景为"有色纸2"纹理填充,然后设置透明度为"55%"。

（2）清除第一张幻灯片中"红楼咏菊诗"文本框的超链接。

（3）给第一张幻灯片的标题先添加第一个动画——"泪滴形"路径动画，速度设置为"慢速"，再添加第二个动画——"放大/缩小"强调动画。

（4）应用高级日程表对（3）中添加的动画的播放时间做如下调整："放大/缩小"动画的开始播放时间为"1 秒"，结束时间为"4 秒"。

（5）对第二张幻灯片中的图片做如下设置：将图片颜色调整为灰度，将图片做"菱形"裁剪，给图片添加红色边框。

（6）为第二张幻灯片的图片设置进入动画效果"十字形扩展"，方向为"由外部"，速度为"快速"。

（7）对第三张幻灯片中的表格做如下设置：在表格上方插入新行，在第一行第一列的单元格中添加文字"各人物诗号对应表"，然后对第一行合并单元格，将所添加的文字居中。

（8）添加背景音乐（素材：红楼梦序曲.mp3）。

项目五　信息检索

选择题

1. 计算机网络是一个(　　　)。

A. 管理信息系统　　　　　　　　　　B. 编译系统

C. 在协议控制下的多机互联系统　　　D. 网上购物系统

2. 计算机网络的目标是实现(　　　)。

A. 数据处理　　　　　　　　　　　　B. 文献检索

C. 资源共享和信息传输　　　　　　　D. 信息传输

3. 计算机网络中常用的有线传输介质有(　　　)。

A. 双绞线、红外线、同轴电缆　　　　B. 激光、光纤、同轴电缆

C. 双绞线、光纤、同轴电缆　　　　　D. 光纤、同轴电缆、微波

4. 在局域网中,提供并管理共享资源的计算机称为(　　　)。

A. 网桥　　　　　　B. 网关　　　　　　C. 服务器　　　　　D. 工作站

5. 主要用于实现两个不同网络互联的设备是(　　　)。

A. 转发器　　　　　B. 集线器　　　　　C. 路由器　　　　　D. 调制解调器

6. 以太网的网络拓扑结构属于(　　　)。

A. 总线型　　　　　B. 树型　　　　　　C. 星型　　　　　　D. 环型

7. Http 是(　　　)。

A. 网址　　　　　　　　　　　　　　B. 域名

C. 高级语言　　　　　　　　　　　　D. 超文本传输协议

8. 域名中的后缀名.int 代表(　　　)。

A. 商业机构　　　　B. 教育机构　　　　C. 政府机构　　　　D. 国际组织

9. 在因特网上,一台计算机可以作为另一台主机的远程终端,使用该主机的资源,该项服务称为(　　　)。

A. Telnet　　　　　B. BBS　　　　　　C. FTP　　　　　　D. WWW

10. TCP 协议的主要功能是(　　　)。

A. 对数据进行分组　　　　　　　　　B. 确保数据的可靠传输

C. 确定数据传输路径　　　　　　　　D. 提高数据传输速度

11. "千兆以太网"通常是一种高速局域网,其网络数据传输速率大约为(　　　)。

A. 1 000 位/秒　　　　　　　　　　　B. 1 000 000 位/秒

C. 1 000 字节/秒　　　　　　　　　　D. 1 000 000 字节/秒

12. IPv4 地址和 IPv6 地址的位数分别为(　　　)。

A. 4、6　　　　　　B. 8、16　　　　　C. 16、24　　　　　D. 32、128

13. 下列正确的 IP 地址是(　　　)。

A. 202. 112. 111. 1　　　　　　　　　B. 202. 2. 2. 2. 2

C. 202. 202. 1　　　　　　　　　　　D. 202. 257. 14. 13

14. Internet 提供的最常用、便捷的通信服务是(　　　)。

A. 文件传输(FTP)　　　　　　　　　B. 远程登录(Telnet)

C. 电子邮件(E-mail)　　　　　　　　D. 万维网(WWW)

项目六 新一代信息技术概念

一、选择题

1. 新一代信息技术的核心驱动力是( )。

A. 物联网　　　　　B. 人工智能　　　　　C. 大数据　　　　　D. 云计算

2. 以下哪项不是新一代信息技术的典型应用场景?( )

A. 智能家居　　　　B. 无人驾驶　　　　　C. 传统金融业务　　D. 医疗健康

3. 5G 网络的主要技术特点不包括( )。

A. 高速度　　　　　B. 低时延　　　　　　C. 大容量　　　　　D. 绿色环保

4. 以下哪种技术不属于新一代信息技术?( )

A. 区块链　　　　　B. 光纤通信　　　　　C. 激光雷达　　　　D. 量子计算

5. 在人工智能技术中,以下哪种算法不属于机器学习算法?( )

A. 决策树　　　　　B. 支持向量机　　　　C. 深度学习　　　　D. 线性规划

6. 以下哪种技术不属于大数据技术?( )

A. 数据挖掘　　　　B. 分布式计算　　　　C. 数据仓库　　　　D. 数据安全

7. 以下哪项不属于云计算的服务模式?( )

A. SAAS　　　　　B. PAAS　　　　　　C. IAAS　　　　　D. 硬件

二、填空题

1. 新一代信息技术包括_____、_____、_____等关键技术。

2. 5G 网络相比 4G 网络,具有_____、_____、_____等主要技术特点。

3. 人工智能技术的发展可以分为_____、_____、_____三个阶段。

4. 大数据技术的主要特点是_____、_____、_____、_____。

5. 云计算的服务模式包括_____、_____、_____三种。

三、判断题

1. 新一代信息技术的发展将彻底改变人类的生活方式。　　　　　　　( )

2. 5G 网络的主要技术特点是低功耗、大连接。　　　　　　　　　　( )

3. 人工智能技术在未来将会取代人类的大部分工作。　　　　　　　　( )

4. 大数据技术的主要特点是大容量、高速度、多样性、价值性。　　　( )

5. 云计算的服务模式之一是 SaaS。　　　　　　　　　　　　　　　( )

项目七 信息素养与社会责任

1. 计算机病毒是指能够侵入计算机系统并在计算机系统中潜伏、传播,破坏系统正常工作的一种具有繁殖能力的(　　　)。

  A. 流行性感冒病毒   B. 特殊小程序

  C. 特殊微生物   D. 源程序

2. 下列关于计算机病毒的叙述中,错误的是(　　　)。

  A. 计算机病毒具有潜伏性

  B. 计算机病毒具有传染性

  C. 感染过计算机病毒的计算机具有对该病毒的免疫性

  D. 计算机病毒是一个特殊的寄生程序

3. 计算机病毒破坏的主要对象是(　　　)。

  A. 软盘   B. 磁盘驱动器   C. CPU   D. 程序和数据

4. 通常所说的"宏病毒"感染的文件类型是(　　　)。

  A. COM   B. DOC   C. EXE   D. TXT

5. 下列关于计算机病毒的描述,正确的是(　　　)。

  A. 正版软件不会受到计算机病毒的攻击

  B. 光盘上的软件不可能携带计算机病毒

  C. 计算机病毒是一种特殊的计算机程序,因此数据文件中不可能携带病毒

  D. 任何计算机病毒一定会有清除的办法

6. 一般而言,Internet 环境中的防火墙建立在(　　　)。

  A. 每个子网的内部

  B. 内部子网之间

  C. 内部网络与外部网络的交叉点

  D. 以上 3 个都不对

7. 为防信息被别人窃取,可以设置开机密码,下列密码中最安全的是(　　　)。

  A. 12345678   B. nd@ YZ@ g1   C. NDYZ   D. Yingzhong

8. 计算机安全是指计算机资产安全,即(　　　)。

  A. 计算机信息系统资源不受自然有害因素的威胁和危害

  B. 计算机信息资源不受自然和人为有害因素的威胁和危害

  C. 计算机硬件系统不受人为有害因素的威胁和危害

  D. 计算机信息系统资源和信息资源不受自然和人为有害因素的威胁和危害

9. 以下哪项描述不是信息素养的核心内容? (　　　)

  A. 资源评估与利用   B. 信息获取与传输

  C. 信息技术应用   D. 网络安全与法律意识

10. 信息素养的培养可以提高个人的(　　　)。

A. 创造力和创新能力　　　　　　　　　B. 专业素养和职业技能

C. 社交能力和人际关系　　　　　　　　D. 心理健康和情绪管理

11. 以下哪项不属于信息素养的重要表现之一?(　　　)

A. 熟练使用办公软件　　　　　　　　　B. 掌握科学上网技巧

C. 了解信息检索的方法与技巧　　　　　D. 具备信息保密和隐私保护意识

12. 在进行信息评估与利用时,不需要考虑的因素是(　　　)。

A. 信息的准确性　　　　　　　　　　　B. 信息的来源

C. 信息的完整性　　　　　　　　　　　D. 信息的外观设计

13. 以下哪项是正确的信息搜索策略?(　　　)

A. 只使用一个关键词进行检索　　　　　B. 忽略关键词的顺序和拼写准确性

C. 综合使用多个关键词进行检索　　　　D. 只在一个搜索引擎中进行检索